Die Auswahl und Beurteilung der Straßenbaugesteine

Von

Ing. Dr. phil. **Josef Stiny**

o. ö. Professor an der Technischen Hochschule
in Wien

Mit 42 Textabbildungen

Wien

Verlag von Julius Springer

1935

ISBN-13: 978-3-7091-5807-4   e-ISBN-13: 978-3-7091-5816-6
DOI: 10.1007/978-3-7091-5816-6

Inhaltsverzeichnis.

Einleitung.

Riesige Werte legen wir alljährlich in unseren neuzeitlichen Verkehrswegen an. Ungeheure Mengen von Gestein werden dabei in die Fahrbahndecken eingebaut. Mißgriffe bei der Wahl der Bergart bedeuten daher Verschwendung von Volksvermögen in großem Ausmaße. Die Notwendigkeit einer strengen Wirtschaftlichkeit des Bauens fordert daher gebieterisch eine ·sorgfältige Auswahl der Rohstoffe für unsere Straßen. Der Ingenieur muß deshalb der Prüfung der natürlichen Straßengesteine seine vollste Aufmerksamkeit zuwenden.

Die Prüfung der steinigen Straßenbaustoffe benützt teilweise Verfahren, welche bereits gut durchgebildet und eingebürgert sind; daneben ist sie aber genötigt, auch Untersuchungen anzustellen, deren Gang derzeit noch nicht einheitlich geregelt und deren Durchführungsart noch nicht allgemein gutgeheißen ist; an der Ausbildung solcher Verfahren wird noch gearbeitet. Obwohl also noch nicht alle Prüfvorgänge die allgemeine Billigung der berufenen Fachleute gefunden haben, muß der Ingenieur doch die Ausführung auch solcher Untersuchungen verlangen, die derzeit noch unvollkommen durchgebildet sind und im Laufe der Zeit voraussichtlich durch bessere Prüfverfahren ersetzt werden dürften. Zu den sehr gut durchgebildeten Untersuchungsverfahren gehören u. a. auch die rein gesteinkundlichen. Ihre Anwendung wurde in der letzten Zeit besonders von Niggli, Klein, Zelter, Burchartz, Saenger, K. Stöcke und anderen befürwortet; was hier noch not tut, ist die bessere, wertmäßige Verknüpfung der rein gesteinkundlichen Befunde mit der Bewährung der Bergarten in der Straßendecke; für die gütemäßige Beurteilung ohne Wertziffern gibt die gesteinkundliche Prüfung heute schon sehr wertvolle, in manchen Fällen sogar völlig hinreichende Anhaltspunkte.

Die Prüfvorgänge für natürliche Bausteine müssen selbstverständlich den Beanspruchungen angepaßt sein, welchen der Baustoff in der Fahrbahndecke ausgesetzt ist. Man muß dabei besonders anstreben, tunlichst richtige, reine Gütewerte zu erhalten, die vergleichbar sind; mit Ziffern, die sich wegen der Ungleichheit der Versuchsbedingungen nicht miteinander vergleichen lassen, ist weder der Wissenschaft noch dem Bauwesen gedient.

Ganz allgemein kann man zwei Hauptgruppen von Verfahren der Baustoffprüfung auch bei der Untersuchung der Straßenbausteine unterscheiden. Die Stoffprüfungsverfahren streben darnach, das Gestein für sich ohne Rücksicht auf seine Verwendung kennenzulernen und seinen Vergleich mit anderen Bergarten und Vorkommen zu ermöglichen. Die Gebrauchsprüfungsverfahren aber zielen darauf hinaus, den Baustein unter ähnlichen Bedingungen zu prüfen, wie sie am Verwendungsorte der Bergart herrschen, um die Bewährung des Gesteins möglichst richtig voraussehen zu können. Der neuzeitliche Straßenbau zieht aus beiden Arten der Versuchsführung Gewinn.

Straßenbaugesteine werden oft wiederholt auf Druck (schon beim Einwalzen), Schlag und Stoß beansprucht; die ruhigen (statischen) Beanspruchungen treten gegen die bewegenden (dynamischen), stark wechselnden sehr zurück. Die rollende, reibende, saugende und wohl auch teilweise absplitternde Wirkung der Räder der Fahrbetriebsmittel beanspruchen die Straßendecke auf Verschleißbarkeit (vgl. die Arbeiten von Leon, Neumann, Schaar u. a.). Daneben wirken die Unbilden der Witterung auf das Gestein ein: Regen, Sonne, Wind, Hitze und Kälte, Trockenheit und Feuchtigkeit. Die Untersuchung der Straßenbaugesteine muß sich diesen Hauptbeanspruchungen der neuzeitlichen Fahrbahndecke anpassen; daneben muß sie noch auf verschiedene, mehr oder minder wichtige Nebenprüfungen bedacht sein. Da die Beanspruchung durch Ruhelasten gegenüber den stoßweisen Einwirkungen auf die Fahrbahndecken kaum ernstlich in Frage kommt, müßte man bei der Prüfung der Straßenbaustoffe folgerichtig das Schwergewicht auf jene Verfahren legen, welche den Probekörper vorwiegend oder allein unruhig (dynamisch) beanspruchen; besonders die Untersuchung der Widerständigkeit gegen sehr oft wiederholte Beanspruchungen (Dauerfestigkeit) wäre äußerst wertvoll; leider sind gerade diese Verfahren vielfach noch mehr oder minder mangelhaft ausgebildet, noch nicht allgemein angenommen oder schwierig auszuführen. Man ist daher bedauerlicherweise oft genötigt, aus Ergebnissen der Ruheprüfung Schlüsse zu ziehen auf die Wirkung der Wechselbeanspruchung von Gesteinen; die Stoffprüfung muß darnach streben, hier Verbesserungen zu schaffen.

A. Freiäugige Untersuchung.

Mit freiem Auge lassen sich bereits einige Gesteineigenschaften bestimmen; so Farbe, Tracht, Klüftigkeit (im großen), Bruch und Bruchflächenbeschaffenheit.

1. Farbe.

Im allgemeinen hängt keine einzige Gesteineigenschaft in zwingend schlüssiger Weise unmittelbar von der Farbe der Bergart ab.

Jene Ingenieure, welche dunkle Gesteine bevorzugen, können für ihr Vorgehen keinen triftigen Grund anführen; schwarzer Kalkstein oder dunkler Dolomit ist z. B. zuweilen für den neuzeitlichen Straßenbau unbrauchbar (Beispiel: Quetschdolomit bei Kellersberg, Kärnten); dagegen besitzen weiße oder helle Gesteine überhaupt einige Vorzüge; sie liefern z. B. eine Straßenfahrbahn, welche sich bei Nacht oder im Straßentunnel besser abzeichnet.

Dem kundigen Auge freilich verrät die Farbe oft gar manche andere Eigenschaft; in einzelnen Fällen warnt sie den Ingenieur vor der Verwendung einer Bergart. Insbesondere zeigt sie Verwitterungserscheinungen an.

So z. B. wenn Feldspat, der im frischen Zustande glänzende, reine Farben zeigt, in einem Handstücke matte oder gar trübe Spaltflächen aufweist. Rostige Flecken oder rostige Oberflächen sind verdächtig; rühren sie von dem Brauneisen her, das aus bleichenden Dunkelglimmern (Biotit), Chloriten, Glaukoniten usw. auswandert, so besteht zwar keine unmittelbare Gefahr für die Bergart; erwünscht sind diese Anzeichen beginnender Verwitterung der silikatischen Mineralien freilich nicht; sie schließen die Verwertung des Gesteins aus, wenn der Rost (Eisenoxydhydrat) aus der Zersetzung von Kiesen (Schwefelkies usw.) hervorgegangen ist. In Zerrüttungstreifen dringt die Verwitterung sehr tief in den Bergleib ein; ihren Verlauf kündet verfärbtes Gestein meist schon von weitem an.

Verdächtig ist in aller Regel ein verschwommenes, fleckiges oder wolkiges Aussehen einer Bruchfläche; zwar zeigen auch frische Gesteine häufig Sprenkel (z. B. Granit, Syenit, Diorit usw.); diese sind dann aber mehr oder minder glänzend und wohlbegrenzt.

Gestein, welches sich im Zustande der Anwitterung befindet, hat stets schmutzige, unreine, matte Farben; der umgekehrte Schluß ist nicht immer zwingend (z. B. nicht bei manchen Andesiten, Basalten, Diabasen, Amphiboliten). Dagegen sprechen leuchtende (glänzende), reine Farben immer für die Frische einer Bergart.

2. Die Tracht.

Das Aussehen eines Gesteins, wie es durch die räumliche Verteilung und Anordnung der Gemengteile in Erscheinung tritt, ergibt die äußere Tracht einer Bergart. Sie ist entweder gerichtet oder ungerichtet.

Ungerichtet (richtungslos) ist die Tracht eines Gesteins, wenn seine Mineralkörner jeder Einstellung in bestimmte Richtungen entbehren und gänzlich regel- und wahllos neben ihren Nachbarn liegen. Die richtungslose Tracht ist für den neuzeitlichen Straßenbau am günstigsten.

Gerichtet heißt die Tracht, wenn die Körner einer Bergart irgendeine planmäßige Anordnung zeigen; hierdurch entstehen auf den Bruchflächen „muster"ähnliche Zeichnungen u. dgl. Gerichtete Tracht wünscht der Straßenbauer um so weniger, je deutlicher sie ausgeprägt ist. Je nach der Art der mehr oder minder regelmäßigen Anordnung der Mineralien unterscheiden wir nachstehende Hauptgruppen gerichteter Tracht.

Schiefrige Tracht. Gebirgsdruck hat die blättchenförmigen Bestandteile der Bergart gleichgerichtet und in Ebenen eingeschlichtet, die einander annähernd gleichlaufen (Schieferungsflächen). Schiefrige Tracht besitzen vor allem die sog. kristallinen Schiefer; ein großer Teil von ihnen ist nach seiner Mineralzusammensetzung oder wegen zu kräftiger Ausbildung der schiefrigen Tracht für den neuzeitlichen Straßenbau unbrauchbar (z. B. plattige Korngestalt).

Fließtracht. Schuppige, plattige oder stengelige Mineralien wurden in der Schmelze gewissermaßen „getriftet"; sie haben beim Erstarren des Glutflusses ihre Lage beibehalten und liegen nun in der Gesteinmasse ähnlich angeordnet wie die Hölzer in einem Triftgewässer. Für Straßenbauzwecke ist sie minder günstig, wenn man sie schon mit freiem Auge wahrnimmt; mikroskopische Fließtracht entwertet ein Gestein in der Regel nicht.

Schlierige Tracht entsteht durch örtlich verschiedene Zusammensetzung einer Bergart; so häufen sich z. B. in einem Erstarrungstein stellenweise dunkle und an anderen Stellen wieder helle

Gemengteile an (Abb. 1) und verursachen so eine „schlierige" Zeichnung der Oberfläche. Der Form nach bilden diese Anreicherungen einzelner Mineralien oder Mineralgruppen Kugeln, Knauern, Wolken, Streifen, Flammen usw. Sie benachteiligen die technische Verwendung um so weniger, je allmählicher sie randlich in das Hauptgestein übergehen; grenzen sie sich jedoch scharf gegen ihre Umgebung ab, dann mindern sie die Festigkeit des Gesteins oft bedeutend herab.

Die schichtige Tracht kennzeichnet die Absatzgesteine; sie entsteht durch den Aufbau eines Gesteins aus gleichgerichteten Lagen (Schichten). Haben die Schichtflächen weite Abstände, dann hindern sie die Verwertung der Bergart im neuzeitlichen Straßenbau nicht; rücken die Schichtfugen jedoch enge zusammen (dünnschichtige

Abb. 1. Schlierige Tracht; die helle Schliere ist arm an dunklen Gemengteilen, das Hauptgestein (Diorit von Wieselburg) ist reich daran. Eigenaufnahme 1929.

Tracht; Abb. 2), dann machen sie das Vorkommen für den Straßenbau unbrauchbar (plattige und schalige Kornformen). Das gleiche gilt von der Lagentracht (Bändertracht, Streifentracht); gleichgerichtete Gesteinlagen zeigen abwechselnd verschiedene Farben, da in ihnen die einzelnen Gemengteile in verschiedenem Mengenverhältnis enthalten sind (Abb. 3).

Im Gegensatz zur Bändertracht, deren Streifen mit der Schichtung gleichlaufen, setzen die Adern der Adertracht (Aderung) quer (schräg oder senkrecht) durch die Schichten hindurch; sie rufen zuweilen ungleichmäßige Abnützung hervor (Abb. 6). Kreuzen sich Scharen von Adern auf den Schichtflächen, so entsteht netzadrige Tracht (Abb. 4). Da Adern nichts anderes sind als ausgeheilte Klüfte, so setzen sie die technische Eignung einer Bergart nur dann nicht herab, wenn die Spalten mit einem guten, an den Salbändern festhaftenden Kitte (Kalkspat, Quarz usw.) ausgefüllt wurden; in

anderen Fällen brechen die Bergarten nach den Adern leicht aus-
einander und eignen sich dann nicht für Schottergewinnung.

· Graupelige Tracht wird bedingt durch die Neigung eines

Abb. 2. Dünnschichtige Tracht; entwertet ein Gestein für Straßenbauzwecke.

Gesteins, sich kleinkugelig abzusondern. Man beobachtet sie bei
manchen Basalten (Graupenbasalten) und Melaphyren, welche an der
Sonne zerfallen (Sonnenbrenner; siehe S. 58); sie ist in gewisser Hin-
sicht mit kleinschlieriger Tracht verwandt.

Abb. 3. Lagentracht. Bänderamphibolit aus dem Mölltale (Kärnten); geeignet
für Bruchsteinmauerwerk und Packlage, minder gut als Schotter.

Man prüft die Tracht eines Gesteins am besten im Steinbruche selbst und nicht an Handstücken. In einem und demselben Vorkommen ändert die Tracht oft ab, manchesmal sogar
ziemlich unvermittelt. Die Regelung der Mineralien (Gefüge-

regelung) erkennt man bei manchen Gesteinen (Marmoren usw.) oft erst durch mühevolle Messungen der Achsenstellungen u. d. M.; um ihre Erforschung haben sich Bruno Sander und Walter Schmidt große Verdienste erworben. Für den Straßen-

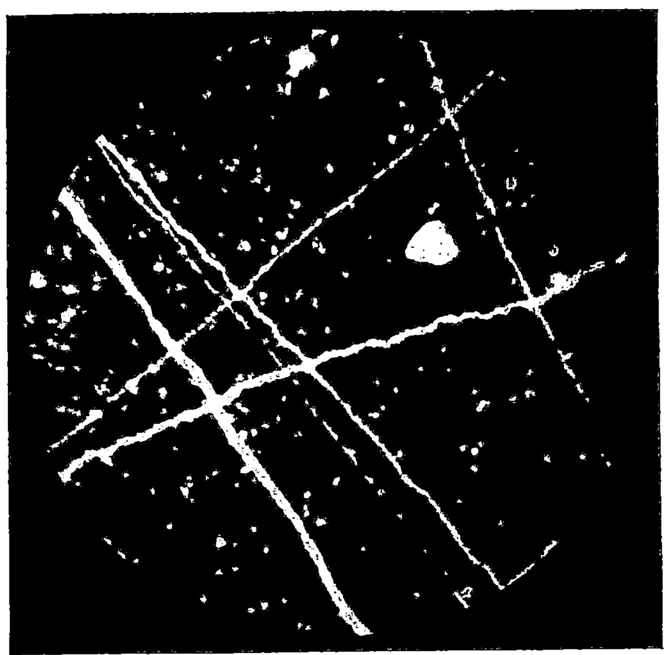

Abb. 4. Netzadrige Tracht. Setzt hier die Druckfestigkeit herab. Mergel von Neustift bei Scheibbs, N. Ö. Dünnschliffbild.

bauer ist die versteckt gerichtete Tracht weniger wichtig als die sichtbar gerichtete Tracht, die meist schon m. f. Au. zu erkennen ist, in jedem Falle aber sich u. d. M. schon mit einem raschen Blicke feststellen läßt.

3. Bruch und Bruchflächenbeschaffenheit (Rauhigkeit).

Zerschlägt man ein Gesteinstück, so nennt man die neu entstehenden, gleichsam „inneren Oberflächen" Bruchflächen oder kurzweg den Bruch des Gesteins. Die Bruchflächen eines Gesteines mit richtungsloser Tracht sind einander gleich. Schichtige und schiefrige Gesteine zeigen dagegen ungleiche Bruchflächen, die man im allgemeinen zwei oder drei Gruppen zuordnen kann. Der **Hauptbruch** läuft der Schichtung oder der Schieferung gleich. Jeder Bruch senkrecht dazu ist bei Gesteinen mit schichtiger Tracht ein **Querbruch.** Bei geschieferten Gesteinen, welche ausgewalzt und außerdem gestreckt wurden, hat man einen **Querbruch** i. e. S. und einen **Längsbruch** zu unterscheiden. Der Querbruch i. e. S. läuft gleich mit den Schichtköpfen und dem Streichen des Gesteins; die länglichen Mineralien kehren ihm ihre Schmalseite (Stirne) zu, während ihre Längserstreckung senkrecht zu ihm verläuft. Der **Längsbruch** ist dem Einfallen gleichgerichtet; in seine Richtung sind oft die Längsachsen der länglichen Mineralien eingestellt (Scheiterkalke, Scheitergneise usw.).

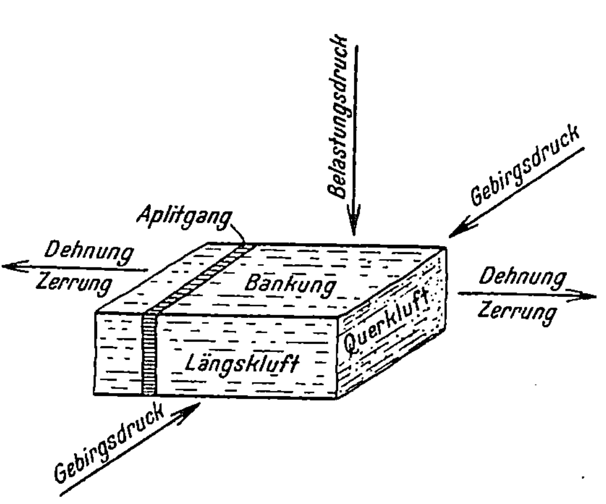

Abb. 5. Hauptkluftscharen eines Durchbruchgesteines (z. B. Granites); der Bankung entspricht der Hauptbruch eines Schiefergesteins, der Längskluft der Längsbruch und der Querkluft der Querbruch; das Wort „Belastungsdruck" ist aber dann durch die Bezeichnung „Gebirgsdruck" zu ersetzen.

Bei der Beurteilung des Bruches eines Gesteins haben wir seine Gestalt als solche und die Beschaffenheit seiner Oberfläche (Glätte, Rauhigkeit) zu betrachten. Beide Eigenschaften sind für den Straßenbau bedeutsam.

Zur Beschreibung der äußeren Gestalt der **Bruchfläche** bedient man sich meist nachstehender Ausdrücke; dabei finden zwischen den einzelnen Unterarten mannigfache Übergänge statt.

Eben; z. B. die Hauptbruchflächen vieler geschichteter und mancher schiefriger Gesteine (Quarzitschiefer, Kalkschiefer), sowie zahlreicher Gesteine mit Bändertracht (Bändermarmore, Bänderamphibolite usw.).

Uneben, und zwar

erdig: mit mürben Erhöhungen und sanften Vertiefungen;

Unterarten { **groberdig**: manche tonige, grobkörnige Sandsteine;
feinerdig: manche tonige, feinkörnige Sandsteine;

wellig-bucklig: mit kräftiger hervortretenden Erhebungen und
Mulden, z. B. bei Gesteinen mit flasriger Tracht;

grubig-höckrig: mit tieferen Grübchen und stärkeren Höckern;

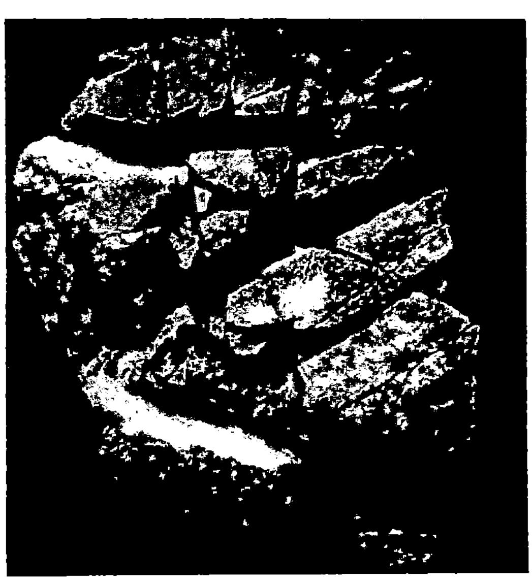

Abb. 6. Hackige Verwitterung eines kieseligen Sandsteins von Neustift bei
Scheibbs, N. Ö.; die aus löslichem Kalkspat bestehenden Adern wittern weit
rascher zurück als die Masse des Sandsteins mit seinem kieseligen Bindemittel.
Nicht zu verwechseln mit hackigem Bruch!

grubig: zwischen den Grübchen flachere Formen, keine eigent-
lichen Höcker;

schwielig-knotig: aus der halbebenen Bruchfläche treten
Schwielen und Knoten hervor (z. B. bei Knoten- und Flaser-
gneisen, auch bei Augengneisen);

gerieft: den im Groben ebenen Bruchflächen sind gleich-
laufende Fältchenzüge aufgesetzt; bei vielen kristallinen
Schiefern verwirklicht;

hackig: manche Kieselschiefer, dichte kalkreiche Mergel, viele
Dolomite u. a. (Abb. 6, 7);

splittrig: die Hauptbruchfläche ist besetzt mit kleinen, am dicken
Ende noch festgewachsenen, am spitzen Ende jedoch schon
abgelösten Splittern;

Unterarten { grobsplittrig: Hornstein, Serpentin;
{ kleinsplittrig: manche Kieselschiefer;

muschelig: mit schüsselähnlichen Vertiefungen; am Rande erscheinen oft mittige Reifen gleich Wellen oder es strahlen
feine Furchenbüschel aus (Krähenfüße; Abb. 9);

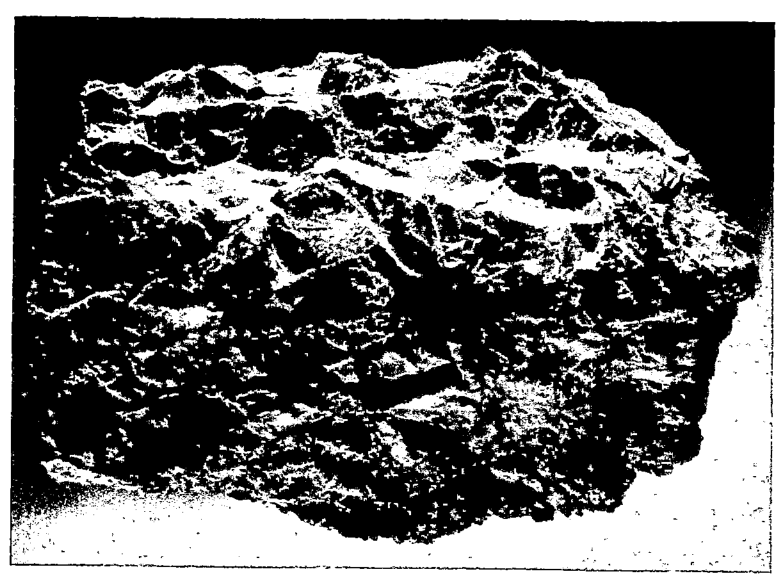

Abb. 7. Hackiger Bruch. Hauptdolomit.

Unterarten { flachmuschelig: Gesteinsglas, mancher kalk-
{ reiche Mergel (Abb. 8, 10); führt meist zu
{ ungünstigen, schaligen Scherben (beim
{ Brechen);
{ tiefmuschelig.

Die Form der Bruchfläche hängt übrigens auch vom
schlagenden Werkzeug ab (Kieslinger, 1932). Darauf beruht ja
die Verwendung verschiedener Werkzeuge bei der Steinbearbeitung.

E. Marcotte (1928) unterscheidet 48 bzw. 51 verschiedene
Bruchformen (cassures); für den Faustgebrauch dürften jedoch die
obigen Bezeichnungen in der Regel genügen.

Von niedrigerer Größenordnung als die Bruchgestalt ist die Oberflächenbeschaffenheit des Bruches, bzw. der Grad seiner

Abb. 8. Flachmuscheliger Bruch. Malmmergelkalke von Solnhofen usw. Aufnahme Dr. A. Kieslinger.

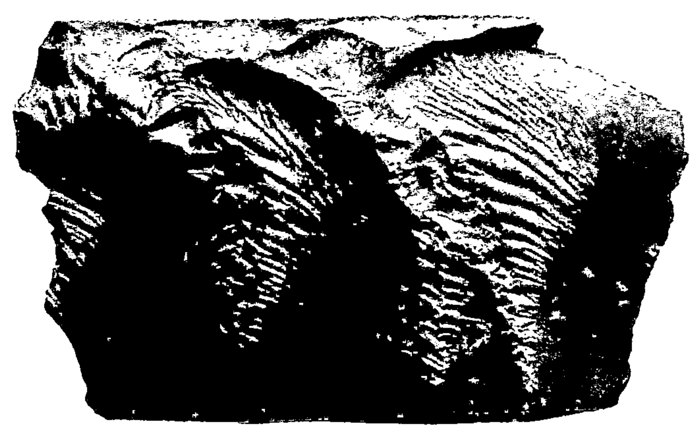

Abb. 9. Muscheliger Bruch mit „Krähenfüßchen". Malmmergelkalke von Solnhofen usw.

Rauhigkeit. Er spielt u. a. im neuzeitlichen Straßenbau eine wichtige Rolle (Haftfestigkeit von Bindemitteln am Gestein). Die Rauhigkeit beruht teils auf der Größe und

Gestalt der Körner, welche aus der Bruchfläche der Bergart
heraustreten, teils auf der Rauhigkeit der Oberfläche der Körner
und ihrer Spaltflächen. Die Rauhigkeit als solche ist schwer
unmittelbar zu messen; es wurden bereits einige Verfahren zu ihrer
Bestimmung angegeben; sie sind jedoch noch nicht allgemein
angenommen worden. Ingenieur Kramrisch hat im Technisch-
geologischen Institute der Technischen Hochschule in Wien

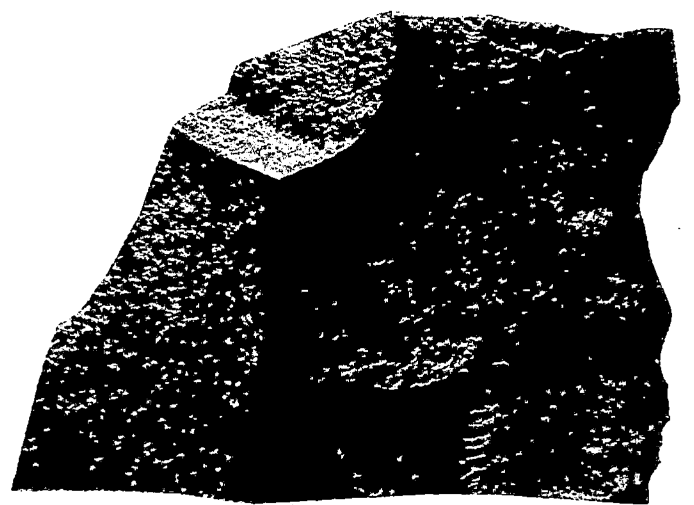

Abb. 10. Flachmuscheliger Bruch. Flyschmergel aus dem Gspöttgraben, Wien.

einen Prüfvorgang ausgearbeitet; ich lasse im nachstehenden
seine eigene Beschreibung auszugsweise folgen.

„Die Kennzeichnung der Gestaltung einer Gesteinbruchfläche kann
durch die Festlegung ihrer Unebenheit und Rauhigkeit erfolgen. Dabei
bedeutet Unebenheit die Beschreibung des Verlaufes ihrer Großform,
ihrer Gestaltung im allgemeinen, während die Rauhigkeit einen Ausdruck über Menge und Größe der Kleinformen der Oberfläche geben
soll. Die Festlegung der Rauhigkeit kann durch das Verhältnis der
Länge ihrer Profilkurve zur Länge der stetig oder charakteristisch
verlaufenden Unebenheitsprofilkurve erfolgen.

Die Aufnahme dieser Oberflächenkurve geschieht zweckmäßig
folgendermaßen. Von einem entsprechend gewählten Teil der Gesteinbruchfläche wird ein Abguß gemacht, der folgende Bedingungen
erfüllen muß: Sehr feinfühlige Nachbildung, Nichthaften am Gestein,
Elastizität bei der Abnahme und trotz Schneidefähigkeit eine genaue

Beibehaltung der Form. Diese Bedingungen erfüllt in geradezu idealer Weise die Negativ-Abgußmasse „Negocoll" — ein wasserlösliches Kolloid — des Moulage-Verfahrens von Prof. Poller. Der Abguß wird nach seiner Abnahme quer zu seiner Oberfläche mit einem Mikrotom in 0,2 mm dicke Scheiben zerschnitten, um die Oberflächen-Profilkurve als wirklich einzige, klare Linie zu erhalten. Da die Scheiben infolge Wasserabgabe ihre Form nicht lange beibehalten, wird ihr Bild sofort nach dem Schnitt auf eine photographische Platte übertragen· und schließlich mit einem Projektionsapparat vergrößert. Diese Methode liefert neben größtmöglicher Genauigkeit der Kurvenbilder, den Vorteil der Abnahme des Abgusses von jeder gewünschten Stelle und das Unbeschädigtlassen des Handstückes. Bei der Auswertung der Kurven kann man durch Einschränkung in der Freizügigkeit der Wahl der Unebenheitskurve die Genauigkeit des Rauhigkeitswertes wesentlich vergrößern. Bei stark unebener, grobrauher Oberfläche wird die Mittellinie der Rauhigkeitskurve, bei mehr ebener, wenig rauher Oberfläche eine Begrenzungslinie (die obere z. B.) als Unebenheitslinie anzusprechen sein. Der Rauhigkeitsgrad, der in $^1/_{100}$ der Angabe des Rauhigkeitswertes seine Benennung finden soll, wird voraussichtlich in 1 und 20 seine Grenzen haben; z. B.

$$\frac{\text{Länge der Rauhigkeitslinie}}{\text{Länge der Unebenheitslinie}} = 1,05 \ldots \ldots \text{Grad 5}$$

Es soll untersucht werden, ob den einzelnen Rauhigkeitsgrößen und -arten des Sprachgebrauches auch bestimmte Rauhigkeitsgrade entsprechen. Ebenso sollen Beziehungen aufgestellt werden zwischen den einzelnen Gesteinsarten und den ihnen entsprechenden Rauhigkeitsgraden, sowie für die Unterschiede, die durch die verschiedenen Korngrößen innerhalb der einzelnen Gesteinfamilien als auch allgemein bedingt sind. Damit soll die Möglichkeit geschaffen werden, für alltägliche Bauzwecke die mühsame und zeitraubende Untersuchung zu umgehen und aus rein makroskopisch getroffener fachkundlicher Beobachtung auf einen Rauhigkeitsgrad zu schließen.

Der Rauhigkeitsgrad an sich liefert kein vollkommen anschauliches Bild von der Rauhigkeit der Gesteinbruchfläche. Er ist eine Verhältniszahl und daher für jedes ähnliche, aber vergrößerte Bild gleichbleibend.

Abb. 11; oben = 1, unten = 2.

Für den Praktiker ist es aber nicht gleichgültig, ob der Rauhigkeitsgrad 6 z. B. der Gesteinoberfläche 1 oder 2 in Abb. 11 entspricht. Beide Gesteine werden sicher eine wesentlich andere Haftfestigkeit mit einem bestimmten Bindemittel besitzen. Hier kann die Angabe der Wellenziffer W mittel $= \dfrac{a \text{ mittel}}{e \text{ mittel}}$ Abhilfe schaffen (Abb. 12). Der Wert an sich ist auch wieder dimensionslos, der vollkommen angeschriebene Bruch ergibt aber die in der Natur wirklich vorhandenen

Werte. Außerdem kann durch Vergleich der, einer bestimmten Wellenziffer mathematisch entsprechenden Rauhigkeit mit der wirklichen Rauhigkeit auf die Größe und Menge der Zwischengliederung geschlossen werden.

Die Unebenheit soll nicht weiterhin nach demselben Verfahren wie die Rauhigkeit auf einen Grad zurückgeführt werden, da dieser kein anschauliches Bild von ihr entwirft. Viel geeigneter erscheint es, eine genaue und doch allgemeine, treffende, nicht zu vielnamige Charakteristik der Oberflächen-Großformen zu schaffen und nach dieser einheitlich die Form zu benennen.

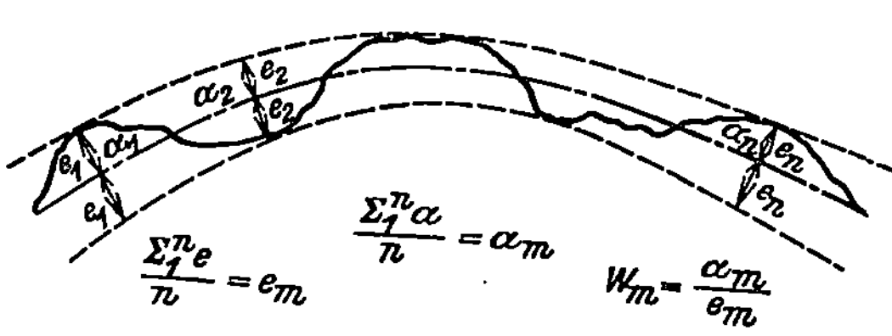

Abb. 12. Bestimmung und Vergleich der Gesteinrauhigkeit mit Hilfe der Wellenziffer.

$$\frac{\sum_1^n e}{n} = e_m \qquad \frac{\sum_1^n \alpha}{n} = \alpha_m \qquad W_m = \frac{\alpha_m}{e_m}$$

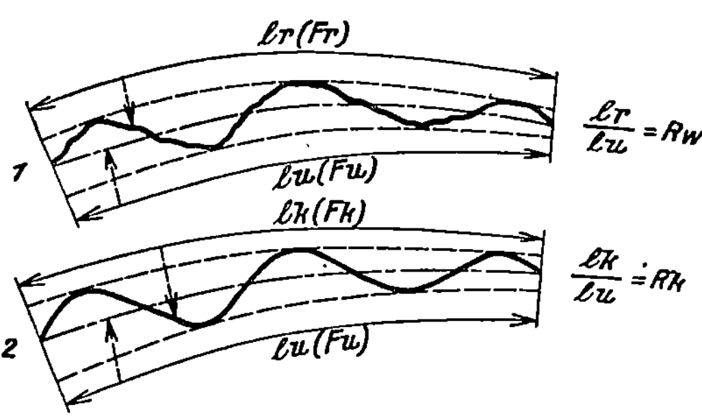

$$\frac{\ell_r}{\ell_u} = R_w \qquad \frac{\ell_k}{\ell_u} = R_k$$

Abb. 13. Ersatz der wirklichen Rauhigkeitslinie 1 durch eine anschmiegende Linie 2.

Großen Anreiz bietet ferner die Möglichkeit, etwas über die Vergrößerung der Gesteinoberfläche durch die Rauhigkeit sagen zu können (Abb. 13). Die Wellenziffer der Profillinie 1 verhilft mir zu Bild und Form der Kurve 2, die bei ziemlich richtungsloser Anordnung der Körner dem mittleren Verlauf der Oberfläche entspricht. Die Größe der Oberfläche wird näherungsweise der Summe von Kalotten (die hohlen wie die vollen) gleichkommen. Jeder Wellenziffer entspricht mathematisch ein bestimmter Rauhigkeitsgrad. Es kann also die durch Kalotten gebildete Oberfläche des Gesteins auf folgende Art dargestellt werden: $F_K = F_U A R_K$, wobei der Faktor A sich für jede Wellenziffer rückerrechnen läßt. Die rauhe Oberfläche ergibt sich mit: $F_R = F_U \cdot A \cdot R_W$. Da R_w, die wirkliche Rauhigkeit, etwas größer ist als die der Kurve 2 (R_k), ist der infolge Zwischengliederung vorhandenen Mehrgröße der Oberfläche Rechnung getragen. Diese Bestimmung gibt Werte, die der Wirklichkeit sehr nahekommen. Hiermit ist uns auch das Mittel gegeben, die starke Einwirkung von Wasser, Luft und anderen Stoffen auf die Gesteine, infolge Vergrößerung ihrer Oberfläche, sowie die damit verbundene erhöhte Bindefähigkeit näher zu untersuchen."

Für die mittelbare Bestimmung des Rauhigkeitsgrades liegen mehrere Vorschläge vor (Tornquist, Dow usw.); siehe diesbezüglich Abschn. 19.

Zur Beschreibung des Ausmaßes der Rauhigkeit dienen meist folgende Ausdrücke:

glatt: die Bruchfläche fühlt sich beim Befahren mit dem Fingernagel gar nicht rauh an (Kieselschiefer, Feuerstein, Hornstein, manche Quarzitschiefer);

Abb. 14. Blasig-rauhe Oberfläche eines Basaltes. Nuraghe an der Straße Bahnhof Torralba-Thiesi, Sardinien. Eigenaufnahme 1929.

feinrauh (erdigrauh): viele dichte Kalke (Kalksteine), Mergel usw.;

sandigrauh (Körnerrauhigkeit): z. B. angewitterte Sandsteine, Dolomite;

Unterarten { grobsandigrauh, feinsandigrauh;

blättrigrauh: die Bergart enthält zahlreiche Mineralkörner, welche weitgehend nach einer Spaltfläche teilbar sind (wie z. B. die Glimmer): Glimmerschiefer z. B.;

fasrigrauh: kommt an Gesteinen vor, welche reich sind an nadeligen bis fasrigen Kristallen; so z. B. an feinkörnigen Amphiboliten mit strahlsteinartiger Hornblende. Faserrauhigkeit ruft oft mehr oder minder schönen Seidenglanz hervor (manche Strahlsteinschiefer); die Längsachsen der Fasern sind meist annähernd gleichlaufend angeordnet;

zelligrauh: die Bruchfläche zeigt Vertiefungen, welche dünne Zwischenwände trennen (Rauhwacken, Zellendolomite usw.);

blasigrauh: die Bruchfläche zeigt Vertiefungen, welche dicke Zwischenwände trennen (schlackige Basalte [Abb. 14], Andesite usw.).

B. Freiäugig-mikroskopische Untersuchung.

Manche der hier zusammengefaßten Prüfungen des Gesteins können schon mit freiem Auge (m. f. Au.) ausgeführt werden: bei feinkörnigen oder gar dichten Bergarten aber muß wohl in allen Fällen das Mikroskop (Abkürzung: M, u. d. M.) zu Hilfe genommen werden.

4. Korngröße.

Die Korngröße einer Bergart beeinflußt in entscheidender Weise die Verwendbarkeit eines Gesteins für Straßenbauzwecke. Für Lockermassen ist eine gewisse Einteilung durch die verschiedenen Normungen bereits gegeben. Dagegen leidet die Benennung der Felsgesteine nach der Größe ihrer Gemengteile noch sehr unter Uneinheitlichkeit. Man kann für sie etwa nachstehende Bezeichnungen vorschlagen:

Benennung der Felsgesteine nach der wirklichen Korngröße.

Durchbruchgesteine		Absatzgesteine	
Korndurchmesser	Benennung	Korndurchmesser	Benennung
$< 0,1$ mm	dicht	$< 0,1$ mm	dicht
$0,1- 2$,,	feinkörnig	$0,1-0,25$,,	feinkörnig
$2 - 3$,,	kleinkörnig	$^1/_4-^3/_4$,,	kleinkörnig
$3 - 5$,,	mittelkörnig	$^3/_4-^5/_4$,,	mittelkörnig
$5 -10$,,	grobkörnig	$^5/_4-2$,,	grobkörnig
$10 -15$,,	großkörnig	$2-5$,,	großkörnig
> 15 ,,	riesenkörnig	> 5 ,,	riesenkörnig

Die Körner eines Gesteins können annähernd gleiche Größe haben; die Bergart heißt dann gleichkörnig; Abweichungen der Durchmesserlänge bis etwa zum $1^1/_2$fachen Betrage sind gestattet.

Weichen die mittleren Durchmesser um mehr als das $1^1/_2$fache, aber weniger als das 3fache voneinander ab, dann nennt man das Gestein **ungleichkörnig** (i. e. S.). Ist das Mißverhältnis der Durchmesser größer, dann spricht man von **porphyrartigen** oder von **porphyrischen** Gesteinen, je nachdem die aus kleineren Körnern bestehende Masse (Grundmasse) mit freiem Auge auflösbar ist oder nicht (Abb. 15).

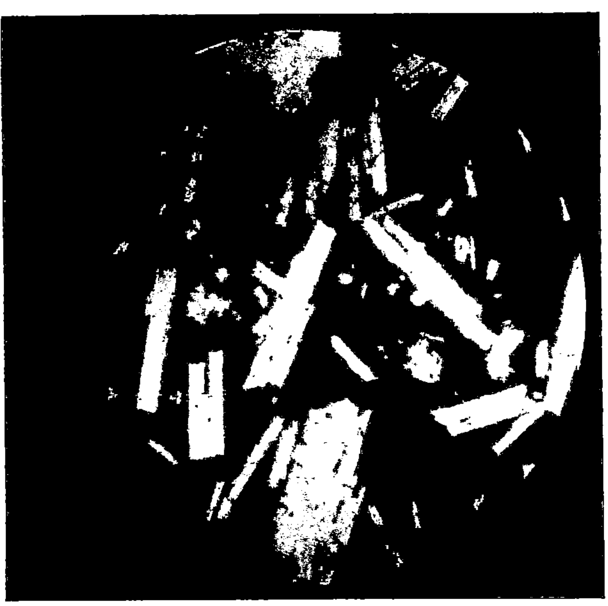

Abb. 15. Porphyrischer Verband. Leisten von Feldspat (Plagioklas) liegen als Einsprenglinge in einer m. f. Au. nicht weiter auflösbaren Grundmasse. Basalt, Umgebung von Mori, Südtirol.

Bei der Bestimmung der Korngrößenverteilung in Gesteinen geht man verschieden vor, je nachdem es sich um Festgesteine oder um Lockermassen handelt.

a) Kornscheidung von Lockermassen.

Die gewogene, bei etwa 110° C getrocknete Gesamtprobe von Erden, Sanden, Schottern usw. wird zuerst unter Umrühren, allenfalls unter Zuhilfenahme des Wasserleitungschlauches naß gesiebt; an den größeren Stücken etwa anhaftende feinere Teilchen werden so bei einiger Sorgfalt restlos entfernt. Das Sieben wird mit dem größten üblichen und nach der Zusammensetzung der Probe erforderlichen Korndurchmesser begonnen und bis zur Maschenweite (Lochweite) 0,2 mm fortgesetzt. Zum Sieben verwendet man Prüfsiebe nach DIN 1171 oder jene der American Society for Testing Materials; um Mittelzahlen zu erhalten, siebt man 2 bis 3 Proben der Bergart. Die Siebrückstände werden getrocknet und dann noch einmal gesiebt. Der gesammelte Durchfall ($< 0,2\,mm$) aber wird sofort einem der üblichen Schlämmverfahren unterworfen (einfaches Absetzenlassen und Abhebern in großen Glasgefäßen, Verfahren nach Wiegner, Atterberg-Stiny, Absaugeverfahren, Ausschleudern u. a.).

Am raschesten und einfachsten arbeiten das verbesserte Wiegnersche und das Absaugeverfahren. Das Schlämmrohr von Atterberg-Stiny (Abb. 16) bietet den Vorteil, daß man die einzelnen Korngrößengruppen für sich weiter untersuchen kann. Es sei daher kurz beschrieben.

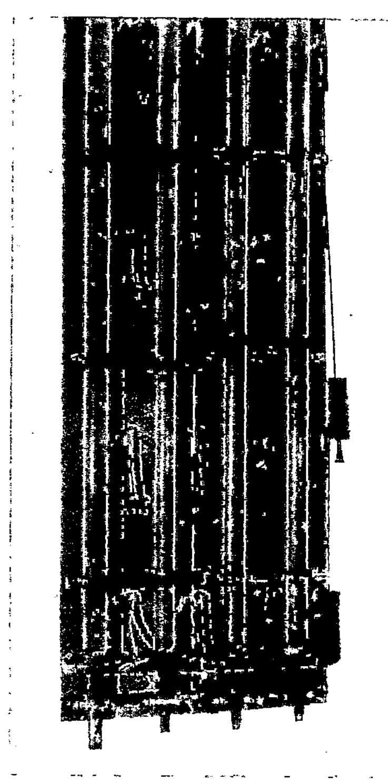

Abb. 16. Schlämmrohre auf einem Wandbrette befestigt.

Das Schlämmgerät dieses Verfahrens besteht aus einem etwa 3 m hohen Glasrohre von 50 mm lichter Weite und 5 bis 6 Liter Fassungsraum. In 30 cm Abstand vom oberen Ende befindet sich eine leichte Einschnürung, in die eine Klappe (Glasteller) mit kegelförmigem Sitz eingeschliffen ist. Die Klappe wird mittels eines an ihr befestigten Drahtes aufgesetzt oder hochgezogen. Weiters sind in Abständen von 3, 7, 12, 17, 22, 26 dm vom Mittel des Raumes oberhalb der Einschnürung Heber angeblasen. Auf sämtliche Heber sowie an das untere verjüngte Rohrende sind kurze Gummischläuche aufgestülpt, welche durch Quetschhähne verschlossen werden. Das Rohr wird vorerst bis zur Einschnürung mit Wasser gefüllt und die Klappe dicht eingesetzt. Jetzt spült man die (durch Verreiben mit dem Finger oder durch Schütteln) aufbereitete Probe in einer Menge von etwa 30 bis 50 g in den noch leeren Rohrschaft oberhalb der Einschnürung. Bei Versuchbeginn wird der Deckel hochgezogen und rasch abgespült. Nach Verlauf von 24 Stunden für die 1. Schlämmung ($22^1/_2'$ und $45''$ für die 2. und 3. Schlämmung) wird der erste Heber abgelassen. Die übrigen Heber folgen in den entsprechenden Zeiten. Die Schlämmfolge ist derartig, daß mit dem Bodenrest nach der 1. Schlämmung die 2. durchgeführt wird usw. Es sind jetzt z. B. bei der 2. Schlämmung, beim Ablassen des Hebers I nach $22^1/_2$ Minuten oberhalb der Heberebene nur Teilchen mit einer Fallzeit kleiner als $22^1/_2 : 3 = 7^1/_2$ je dm, unterhalb der Heberebene aber sämtliche Teilchen mit einer Fallzeit größer als $7^1/_2'$ je dm. Beim Heber II erhält man dann $^1/_2'$ später sämtliche Teilchen von $7^1/_2'$ je dm bis $23 : 7 = 3'\ 17''$/dm Fallzeit. Die nach Verdampfen des Wassers bei rund 110^0 getrockneten Rückstände enthalten immer eine Summe aller Teilchen von einer bestimmten kleineren Fallzeit je Dezimeter bis zu einer bestimmten nächstgrößeren Fallzeit. Die Auswertung der Schlämmergebnisse erfolgt daher am besten zeichnerisch durch Auftragen einer Summenlinie. Als Abszissen trägt man die Fallzeiten je Dezimeter und als Ordinaten die Summen der Mengen in Teilen von Hundert auf. Der Anteil des „Schluffs" ergibt sich nun z. B. als Ordinatenunterschied zwischen $7^1/_2'$/dm Fallzeit. Auf gleiche Art kann jeder beliebige Anteil einer bestimmten Teilchengröße entnommen werden.

Legt man auf die weitere Scheidung der Korngrößen unter etwa 0,02 mm kein Gewicht, dann kann man mit dem Aussieben auch bis zu diesem Durchmesser herabgehen und erspart das Schlämmen; große Genauigkeit darf man aber von den Sieben mit weniger als 0,2 mm Lochweite (Maschenweite) nicht verlangen. Genauer arbeiten Spülverfahren (z. B. jenes von K o p e c k y).

A n d r e a s e n A. H. M. (1930) umschreibt die Korngröße als die Kantenlänge eines dem Korninhalte gleichen Würfels. Er wiegt zu ihrer Bestimmung eine kleine Stoffmenge, schlämmt sie in einer abgemessenen Menge von Glyzerin auf und bringt sie in eine Zählkammer von 256 qcm Bodenfläche; nach dem Absetzen wird eine genau bestimmte Teilfläche (mit etwa 100 bis 200 Körnern) ausgezählt.

Den Unterschied in den Durchmessern der Körner beim Sieben mit Maschen- und Rundlochsieben gibt nachstehende Übersicht nach H e e b (Der Straßenbau, Halle a. d. S., 15. April 1932) wieder.

Mittlere Durchmesser d_m, berechnet nach den unten angegebenen Gleichungen.

Siebfraktionen d_1　　　d_2	$d_m = \dfrac{d_1 + d_2}{2}$		$d_m = \dfrac{2\,d_1 d_2}{d_1 + d_2}$		$d_m = \sqrt[3]{2\,\dfrac{d_1 d_2}{d_1 + d_2}}$	
	Maschen-sieb	Rund-lochsieb	Maschen-sieb	Rund-lochsieb	Maschen-sieb	Rund-lochsieb
K_{00} 0,0　bis　0,06 mm	0,03	0,033	—	—	—	—
K_0 0,06　bis　0,088 „	0,074	0,082	0,071	0,079	0,072	0,08
K_1 0,088 bis　0,2　„	0,144	0,162	0,122	0,138	0,13	0,145
K_2 0,2　bis　0,6　„	0,4	0,462	0,3	0,34	0,33	0,377
K_3 0,6　bis　3,0　„	1,54	1,85	0,968	1,14	1,16	1,33
K_4 3,0　bis 10,0　„	5,3	6,5	3,82	4,62	4,25	5,16
K_5 10,0　bis 20,0　„	11,72	15,0	10,6	13,35	11,0	13,85

Deutsche Siebe.

Lochsiebe nach DIN 1170; Lochdurchmesser in mm	Siebgewebe nach DIN 1171		
	Lichte Maschenweite in mm	Maschenzahl je qcm	Gewebe Nr. (Drähte je cm)
100	1,5	16	4
90	1,2	25	5
80	1,0	36	6
70	0,75	64	8
60	0,60	100	10
50	0,54	121	11
40	0,49	144	12
30	0,43	196	14
25	0,39	256	16
20	0,30	400	20
18	0,25	576	24
15	0,20	900	30
12	0,15	1 600	40
10	0,12	2 500	50
9	0,10	3 600	60
8	0,090	4 900	70
7	0,075	5 400	80
6	0,060	10 000	100

Benennung des Siebgutes in Deutschland (nach Wieland G. und Stöcke K.).

Bezeichnung Natürliches Vorkommen		Bezeichnung Zerkleinerte Stoffe		Körnung	
				Rückstand auf dem Sieb	Durchgang durch das Sieb
				mit Maschen- oder Lochweite in mm	
Sand	Mehlsand < 0,06	Mehl	Mehl < 0,06	— (Maschenweite)	0,06 (100)[1] (Maschenweite)
	Mehlsand 0,06—0,09		Mehl 0,06—0,09	0,06	0,09 (70)
	Mehlsand 0,09—0,2		Mehl 0,09—0,2	0,04	0,2 (30)
	Feinsand 0,2—1	Brechsand	Brechfeinsand 0,2—1	0,2	1 (6) (Lochweite)
	Grobsand 1 —3		Brechgrobsand 1 —3	1 (Lochweite)	3
Kies	Feinkies 3— 7	Splitt	Feinsplitt 3— 7	3	7
	Feinkies 7—10		Feinsplitt 7—10	7	10
	Feinkies 10—15		Grobsplitt 10—15	10	15
	Feinkies 15—30		Grobsplitt 15—30	15	30
	Grobkies 30—40	Schotter	Feinschotter 30—40	30	40
	Grobkies 40—50		Grobschotter 40—50	40	50
	Grobkies 50—60		Grobschotter 50—60	50	60
	Grobkies 60—70		Grobschotter 60—70	60	70
Überlauf . . . . > 70		Überlauf . . . . > 70		70	
Feinkiessand . . . . < 30					
Kiessand . . . . < 70					

[1] Drähte je 1 cm.

Körnungsnormen (Sieböffnungen in mm).

ÖNORM B 3106				DINORM 1995		
Steinstaub, Mehl, Füller		0,01				
		0,05		Mehlsand, Mehl	0,06	
		0,086			0,09	
		0,2		0,2		
Sand	fein	0,5			}	Sand
	mittel	2,0		0,6		
	grob	5,0		2,0		
Grus	fein	8,0		7,0	}	Grus
	grob	12,0		12,0		
Splitt	fein	18,0		18,0	}	Splitt
	grob	25,0		25,0		
Schotter	fein	35,0		35,0		
	mittel	45,0		45,0	}	Schotter
	grob	55,0		55,0		

Sonderbezeichnungen.

	ÖNORM			DINORM	
Beton-sand	Betonfeinsand	< 1	Beton-brech-sand	Betonfeinsand.	< 1
	Betongrobsand	1— 3		Betonfeinsand.	1— 3
	Betongrobsand	3— 7		Betonfeinsand.	3— 7
Beton-kies	Betonfeinkies . 7—30			Betonsplitt	7—30
	Betongrobkies 30—70			Betonschotter	30—70
Betonkiessand		< 70			

Die Eidgenössische Stoffprüfungsanstalt (Schweiz) verwendet nach Quervain, F. de, und Gschwind (1934) gewöhnliche Siebe mit nachstehenden Maschenweiten:

0,147 mm	(2500 Maschen je 1 qcm)	}	Drahtsiebe	8 mm	}	Rund-lochsiebe
0,223 „	(900 „ „ 1 „)			15 „		
0,5 „				40 „		
1 „				60 „		
2 „						
4 „						

In den U. S. A. verwendet man Maschensiebe mit folgenden Maschenweiten (in Zoll):

0,0059	0,187
0,0117	0,375
0,0232	0,75
0,0469	1,0
0,0937	1,5
	2,0
	3,0

Sieving shall be continued on each sieve until not more than 1 percent by weight of the residue passes. Each fraction shall be weighed on a sensitive balance or scale. The percentage by weight of the total sample which is finer than each of the sieves shall be computed.

Von der Korngröße und Korngestalt hängt die Gesamtoberfläche ab, welche eine Bergart entwickelt; diese aber beeinflußt ihrerseits wieder die Haftfestigkeit, chemische Wechselwirkungsfähigkeit usw. Für ihre Bestimmung liegt wohl kein einheitliches Verfahren vor. Einiges gibt hierüber die nachstehende Übersicht an.

Die neue Siebnormung und ihr Einfluß auf den Teerstraßenbau (nach Heeb; aus: Der Straßenbau, Halle a. d. Saale, 15. April 1932.)

Korn- bzw. Siebfraktionen	Oberflächengröße nach alter Siebnormung (siehe DIN 1995) qm/kg	Oberflächengröße nach neuer Siebnormung und Maschenweiten $1 = \dfrac{d}{\sqrt{2}}$ qm/kg	Oberflächengröße nach neuer Siebnormung und Rundlochdurchmesser $d = 1\sqrt{2}$ qm/kg
K_{00} 0,0 bis 0,06 mm	90,6	90,6	53,37 (68,5)
K_0 0,06 bis 0,088 „	32,0	32,0	21,64 (27,5)
K_1 0,088 bis 0,2 „	15,0	15,0	11,12 (13,95)
K_2 0,2 bis 0,6 „	5,5	5,5	4,0 (4,9)
K_3 0,6 bis 3,0 „	1,75	1,67 (1,47)	1,18 (1,22)
K_4 3,0 bis 10,0 „	0,505	0,49 (0,43)	0,35
K_5 10,0 bis 20,0 „	0,15	0,21 (0,19)	0,15

b) Korngrößenermittlung in Festgesteinen.

In Festgesteinen untersucht man die Korngröße der Mineralbestandteile m. f. Au. oder u. d. M.

Auf die annähernd geebnete oder geglättete, gereinigte und angefeuchtete Fläche einer Bergart mit freiäugig erkennbaren Körnern legt man einen viereckigen Rahmen aus Pappe oder Blech; längs einer Innenkante mißt man nun mit einem Summenzirkel (Additionszirkel) die Summe der Durchmesser (D) einer genügenden Anzahl (n) von vollsichtbaren Körnern; der durchschnittliche, sichtbare (scheinbare) Durchmesser d ist dann gleich D/n. Die — unregelmäßige — Meßlinie könnte auch ein Lineal weisen; eine Wiederholung der Ausmessung an mehreren Stellen der Probefläche ist nötig. Die Länge der Meßlinien muß in einem richtigen Verhältnis zur Korngröße stehen (mindestens 20 : 1). Ungleichkörnige Gesteine

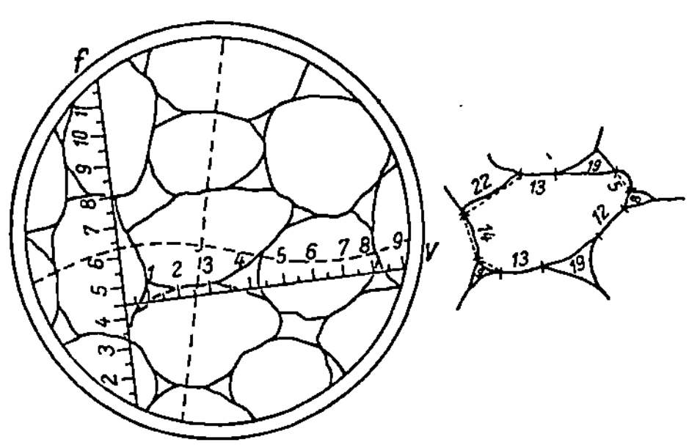

Abb. 17. Feinmesser in der Lupe eines Mikroskopes zur Bestimmung der Korngröße und Kornbindungszahl. Nach J. Hirschwald.

erfordern eine getrennte Ausmessung der größeren (Einsprenglinge z. B.) und kleineren Körner (Grundmasse z. B.); letztere können meist nur u. d. M. gemessen werden.

Zur Durchmesserbestimmung u. d. M. verwendet man u. a. Tischfeinmeßschrauben (Tischmikrometer), welche sehr rasch und genau arbeiten und Augenlinsen mit Längenmeßeinrichtungen (z. B. Okularmikrometer, Abb. 17, und Schraubenmikrometerokulare). Man mißt längs Meßlinien von genügender Länge (mehr als das 20fache des mittleren Korndurchmessers). Täuschungen über den wahren Durchmesser eines Mineralkorns sind dort leicht möglich, wo der Dünnschliff nicht den größten Durchmesser des Korns, sondern eine randliche Stelle desselben getroffen hat; gegen sie schützt einigermaßen die Beobachtung des Kornschliffs während langsamen Senkens und Hebens des Mikroskoprohres.

Der u. d. M. oder m. f. Au. erhobene Mitteldurchmesser ist kleiner als der wirkliche. Letzterer wäre nach Mader gleich 1,2337 des sichtbaren, wenn die Mineralkörner Kugeln wären. Zelter W. (1927) hat die Richtigstellungsziffer an Metallschmelzen im Versuchswege zu 1,27 bestimmt. Voraussetzung ist natürlich richtungslos körnige Tracht. Bei Anwesenheit schuppiger oder gestreckter Teilchen ist die Durchmessermessung in entsprechenden weiteren Richtungen vorzunehmen; allenfalls kann man das flache oder gestreckte Korn auch in Gedanken in eine inhaltsgleiche Kugel verwandeln. Man muß mithin bei den Festgesteinen einen scheinbaren (sichtbaren, gemessenen) von einem tatsächlichen (errechneten) Durchmesser unterscheiden.

5. Korngestalt.

Die Kornformen lassen sich in drei Hauptgruppen einordnen; gleichausmaßig (isometrisch), plattig (blättrig, schalig, keilförmig, schuppig) und länglich (säulig, stengelig, fasrig, nadelig). In jeder Hauptgruppe kann man wieder rundliche (Rundlinge), kantenrunde (Rundkanter) und kantigeckige Formen (Kanter) unterscheiden.

Als maßgebend für die Benennung gilt das Verhältnis des Querdurchmessers (Qd) bzw. der Dicke zur Längenausdehnung (L) oder Flächenausdehnung bzw. überhaupt das Durchmesserverhältnis des Gesteinstückes.

Durchmesserverhältnis		Benennung der Korngestalt	
Im Allgemeinen	Im Einzelnen	Hauptart	Unterarten
Zwei oder mehrere Durchmesser (Qd), die in einer gestaltlich betonten Ebene („Quergürtel") liegen, sind verhältnismäßig klein, ein darauf senkrecht stehender Durchmesser (L) größer bis überragend groß	$L > 6\,Qd$	gestreckt (splittrig, wenn in eine Spitze auslaufend)	stengelig { rund-stengelig / eckig-stengelig
	$2\,Qd < L < 6\,Qd$		langsäulig { rundsäulig / kantigsäulig
	$1,5\,Qd < L < 2\,Qd$		länglich { eilänglich / walzig / kurzsäulig / oder / dicksäulig

<table>
<tr><th colspan="2">Durchmesserverhältnis</th><th colspan="2">Benennung der Korngestalt</th></tr>
<tr><th>Im Allgemeinen</th><th>Im Einzelnen</th><th>Hauptart</th><th>Unterarten</th></tr>
<tr>
<td colspan="2">$d_1 : d_2 : d_3 \ldots dn$ annähernd gleich 1 oder etwa zwischen 1 und 1,5</td>
<td>gleichausmaßig</td>
<td>würfelig
kugelig
vierflächnerartig (tetraedrisch)</td>
</tr>
<tr>
<td rowspan="4">Zwei oder mehrere Durchmesser sind bedeutend größer als ein drittes Ausmaß (D) annähernd senkrecht zu ihnen</td>
<td>$\dfrac{2\,Qd}{3} > D > \dfrac{Qd}{5}$</td>
<td rowspan="3">flach</td>
<td>dick-plattig   { ebenplattig, bauchigplattig, schalig }</td>
</tr>
<tr>
<td>$\dfrac{Qd}{5} > D > \dfrac{Qd}{10}$</td>
<td>dünnplattig (bei Gesteinen)
dickschuppig (bei Mineralien)</td>
</tr>
<tr>
<td>$\dfrac{Qd}{10} > D$</td>
<td>blättrig (dünnschuppig, feinschuppig, blättchenförmig)</td>
</tr>
<tr>
<td>nach einer Richtung in eine Schneide auslaufend</td>
<td>keil-förmig</td>
<td>dünnkeilig
dickkeilig
sehr dickkeilig</td>
</tr>
</table>

Nach der Beschaffenheit der Kanten unterscheidet man sehr scharfkantige (schneidige, z. B. Obsidian), scharfkantige (Granit), stumpfkantige und sehr stumpfkantige (angewitterte Mergel) Gesteine. J. Oberbach (1929) schlug vor, die Kantigkeit feinerer Sande mit Hilfe von Schleifprüfungen mit einer genormten Maschine festzustellen. Gute Anhaltspunkte bietet auch die Betrachtung unter dem Binokularmikroskop. Die alten Baumeister verrieben den Sand zwischen den Fingern der Hand.

Der Einfluß der Korngestalt auf die Güte der Bauweisen äußert sich in verschiedener Weise.

Rundschotter oder Halbrund-Quetschschotter aus gebrochenen, groben Geschieben soll man für Straßen mit mehr als 400 t Verkehr täglich nicht verwenden, weil die runden oder halbrunden Stücke weniger fest liegen, sich beim Kehren vor der Oberflächenbehandlung leicht lockern und mit ihren runden, glatten Flächen am Teer schwerer haften (Erfahrungen in Bayern nach Vespermann); die Lagerfestigkeit in der Straßendecke gewährleistet kantiges Korn besser als rundes; neben der Gestalt spielt selbstverständlich auch die Rauhigkeit bzw. Glätte der Oberfläche eine große Rolle.

Nach den Untersuchungen von F. H. Jahson und W. F. Kellermann (1933) wirkten Erschütterungsmaschinen zur Herstellung von Betonfahrbahndecken günstiger, wenn Kantschotter statt Rundschotter verwendet wurden.

Stern (1934) bevorzugt Rundgemenge wegen der größeren Güte, höheren Wirtschaftlichkeit und leichteren Verarbeitbarkeit des Betons. Kantgemenge kommt dem Rundgemenge in der Verarbeitbarkeit sehr nahe, wenn die Stücke recht glatt sind (kantiges Dolomitgemenge aus dem Grieselbach der Leoganger Steinberge). Hierzu darf wohl bemerkt werden, daß die Haftung des Bindemittels an Kantschottern kräftiger ist als an Rundgemengen; im Straßenbau, wo es weniger auf Druckfestigkeit als auf Stoßwiderständigkeit usw. ankommt, dürfte daher nach wie vor im allgemeinen Kantschotter vorzuziehen sein.

Die Korngestalt der einzelnen Gesteingemengteile wird je nach ihrer Größe m. f. Au. oder m. Hilfe des M. bestimmt; so verfährt man nicht bloß bei Festgesteinen, sondern auch bei nicht allzu feinkörnigen Lockermassen (Feinsanden und Tonen). Für die Bestimmung der Gestalt von Schottern kann mit Vorteil eine Reihe dicker, an beiden Enden offener Glasrohre angewendet werden. Ihre lichte Weite ist nach den üblichen Korngrößengruppen abgestuft; ihre Höhe beträgt ein Vielfaches (z. B. 5faches) des Durchmessers; der Rohrmantel trägt eine Einteilung in Vielfachen des Durchmessers (z. B. $^1/_4$, $^1/_2$, $^3/_4$, 1, $1^1/_2$, 2, $2^1/_2$, 3, $3^1/_2$, 4, $4^1/_2$, 5); legt man ein Schotterstück in das Glasrohr der zugehörigen Lichtweite ein, so kann man genügend genau den Grad der Abweichung des Korns von der Gleichausmaßigkeit feststellen; als gleichausmaßig gelten alle Stücke, deren Raumausmaße (Länge, Höhe, Breite) sich wie 1 : 1 : 1 verhalten oder von diesem Verhältnis um nicht mehr als 50 v. H. abweichen (z. B. 1 : 1 :$^1/_2$; 1 : $1^1/_2$: $1^1/_2$). Bei länglichen Stücken achte man darauf, daß man sie mit der Längsachse gleichgerichtet zur Rohrachse einführt; plattige werden so eingefüllt, daß sie flach auf dem Boden aufruhen.

Zur Feststellung der Verteilung der einzelnen Gestaltgruppen in Schottern empfiehlt es sich, von jeder Größengruppe je 200 Stück auf die angegebene Weise zu untersuchen; das Ergebnis jeder Ausmessung wird in eine Übersicht eingestrichelt, deren Kopf in die einzelnen Gestaltgruppen unterteilt ist; nach Beendigung der Untersuchung jeder Größengruppe ergibt sich der Anteil der einzelnen Gestaltgruppen durch einfaches Auszählen der eingetragenen Striche.

Das Verhältnis der Korndurchmesser hat bereits Stiny (1929, S. 389) zur Beschreibung und Benennung der Kornformen benutzt. Später hat Schmölzer (1930) die Korngestaltzahl (Kornindex) eingeführt; sie ist das Verhältnis des Größtdurchmessers eines Korns zu dem kleinsten Durchmesser jenes Kornschnitts, welcher durch die Mitte des größten Durchmessers und senkrecht zu ihm geführt ist.

Nach Rothfuchs (1931) drückt sich die verschiedene Kornform bei gleicher Korngröße in der Anzahl der Körner aus, die in der Raumeinheit (1 l) enthalten sind; davon kann man ein behelfsmäßiges Prüfverfahren ableiten.

6. Kornbindung und Verband.

In den Gesteinen berühren sich die einzelnen Mineralkörner entweder unmittelbar (Bergarten mit unmittelbarer Kornbindung) oder sie sind durch eine Zwischenmasse voneinander getrennt (Gesteine mit mittelbarer Kornbindung).

Die Festigkeit der Kornbindung kann auf verschiedene Art näherungsweise ermittelt werden; so z. B. durch die Beurteilung einer künstlichen, frischen Bruchfläche, wie sie z. B. durch einen Hammerschlag oder bei der Prüfung der Zugfestigkeit einer Gebirgsart erhalten wird. Man erkennt dann aus der Zerreißung einzelner Mineralkörner, aus dem Verlaufe der Trennfläche längs der Grenzen anderer Mineralien, aus der Durchtrennung oder Nichtdurchtrenung des Bindemittels usw., wie sich die Bindungskraft zur bekannten Festigkeit der Körner und jener des Bindemittels verhält. (Näheres bei Hirschwald und Stiny, 1929). Man kann so gewisse Vergleichswerte erhalten. Weitere Schätzwerte für das Ausmaß der unmittelbaren Kornbindung kann man bei großkörnigen bis riesenkörnigen Gesteinen m. unbewaffnetem Au. oder m. Hilfe einer Lupe, in allen übrigen Fällen aber vermittels des M. auf folgende Weise erhalten.

Man mißt auf einer Schliffläche die Länge L und L_1 der Bindungslinie in zwei aufeinander senkrechten Richtungen; die erhaltenen Werte rechnet man auf die Längeneinheit (z. B. Zentimeter) der ganzen Meßlinie um (l, l_1). Die Bindungsfläche ist nach J. Hirschwald bei rundlichen Körnern annähernd $\frac{l}{2} \cdot \frac{l_1}{2} \pi$, bei Kantern höchstens $l \cdot l_1$; bei der Mehrzahl der Gesteine dürfte das Mittel aus beiden Werten der tatsächlichen Kornbindungsfläche nahekommen.

Die Kornbindung kann ziffermäßig auch durch die **Bindungszahl** ausgedrückt werden, d. i. die Anzahl der Körner, welche mit jedem einzelnen Korn in der Ebene des Dünnschliffs verbunden erscheinen, oder durch das **Bindungsmaß**, d. i. den Quotienten aus dem ganzen Kornumfang und die Summe seiner Teile, die mit den benachbarten Körnern verbunden sind.

Das Bindungsmaß wird ermittelt, indem man die Meßeinrichtung des Mikroskops (z. B. das Augenlinsenmikrometer) durch entsprechende Drehung an eine Bindungslinie des auszumessenden Korns heranbringt und ihre Länge bestimmt; so geht man längs des ganzen Kornumfanges vor; man erhält so als Summe der gemessenen, einzelnen Bindungslängen die Kornbindungslinie B. Zur Vermeidung von Irrtümern trägt man die erhaltenen Werte auch in eine Zeichnung ein. Der gesamte Kornumfang geteilt durch den Wert der Bindungslinie ergibt das Bindungsmaß. J. Hirschwald schreibt nun Bindungszahl und Bindungsmaß in Bruchform übereinander und bezeichnet den Ausdruck als **Kornbindung**; es heißt z. B. 5/0,42, daß die Bindungszahl 5 und das Bindungsmaß 0,42 ist. Selbstverständlich müssen die Messungen an einer entsprechend großen Anzahl von Körnern ausgeführt werden (Abb. 18).

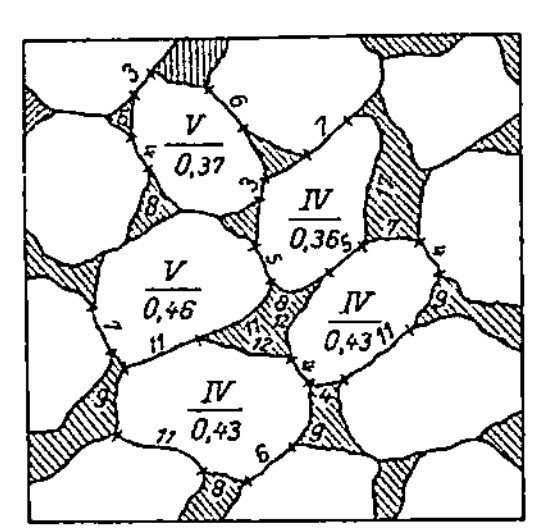

Abb. 18. Bestimmung der Kornbindung nach J. Hirschwald.

Geringe Bindungszahl und hohes Bindungsmaß leistet nach J. Hirschwald eine gewisse Gewähr für die Wetterbeständigkeit des Gesteins. Bei solchen Durchmusterungen einer Gesteinoberfläche u. d. M. wird man am besten etwa vorhandene Lücken gewahr.

Die Stärke der Kornbindung ergibt sich am einwandfreiesten aus der Prüfung des Gesteins auf Zugfestigkeit (siehe S. 69); ermittelt man die Kornbindungsstärke auf diese Weise, so ist die Lückigkeit des Gesteins zu berücksichtigen. J. Hirschwald gibt hiefür die Formel $Z_b = \dfrac{Z}{F\left(1 - \dfrac{L}{100}\right)}$. Darin bedeutet Z_b die Zugfestigkeit je 1 qcm lückenfreien Gesteins, Z das unmittelbare

Ergebnis der Zugfestigkeitsprüfung, F die Zerreißungsfläche in Quadratzentimetern und L die Lückigkeitsziffer.

Annähernd läßt sich die Kornbindungsfestigkeit auch nach dem Verhalten der Kanten eines Handstückes beurteilen. Man schlägt sich mit der Schneide des Geologenhammers schalige bis scherbenförmige Splitter los, deren Ränder in dünne, scharfe Kanten auslaufen; die Kornbindung ist um so fester, je mehr Kraft man anwenden muß, um einen Keil bestimmter Rückendicke abzubrechen, oder je schwächer der Rücken jenes Keiles ist, den man mit äußerster Kraftanstrengung noch abzudrücken vermag.

Der Gebirgsdruck kann die Kornbindung von Gesteinen, die sonst fest sind, lockern, ja sie ganz aufheben (Quetschsande in Quetschstreifen und Zerrüttungstreifen, Weißerde usw.). Barton L. V. (1930) schildert, wie die gesteinkundlich-geologische Ausbildung einer Bergart ihr Verhalten in den verschiedenen Zerkleinerungsmaschinen bestimmt. Diese haben ihrerseits wieder eine verschiedene Wirkungsweise (Blake type of breaker, crushing rolls, gyratory crushers). Die stark quetschende Wirkung mancher Zerkleinerungsmaschine mag den Verband des Gesteins stören und lockern, so daß es dann unter der Last schweren Verkehrs zerbröckelt.

Im Verbande des Gesteins kommen die gegenseitigen Größenverhältnisse der einzelnen Mineralteilchen, ihre Form, Aneinanderlagerung und Verbindungsweise zum Ausdruck (gleichausmaßig-körniger, porphyrischer, verschränkter Verband usw.). Da er die technischen Eigenschaften einer Bergart lebhaft beeinflußt, muß er bei jeder Gesteinuntersuchung ermittelt werden; hierzu dient im allgemeinen das Mikroskop, bei grobkörnigeren Bergarten genügt oft schon die freiäugige Betrachtung.

Nachstehende Ausdrücke kommen im neuzeitlichen Straßenbau öfters vor.

gleichkörnig ist der Verband, wenn die einzelnen Körner annähernd gleiche Größe haben (siehe S. 16; Abweichungen bis zu 50 v. H. sind gestattet); Beispiele: die meisten Tiefengesteine;

ungleichkörnig i. e. S. sind Gesteine, deren Körner merklich ungleiche Größe haben ($1^1/_2$- bis 3fach); ist das Mißverhältnis der Durchmesser größer als 3 : 1, dann unterscheidet man Einsprenglinge, welche in einer Grundmasse liegen. Ist die Grundmasse m. f. Au. auflösbar, so nennt man den Ver-

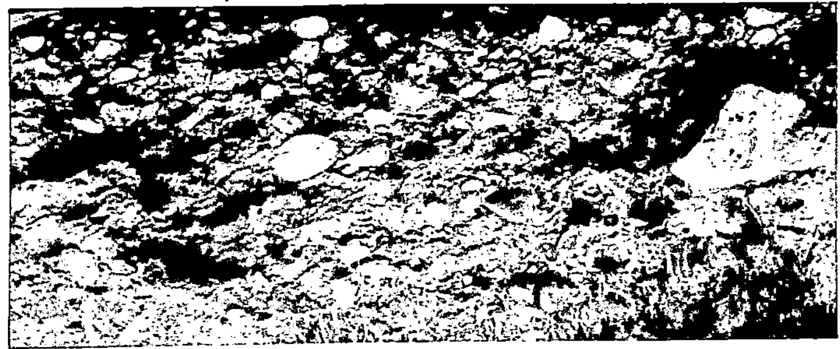

Abb. 19. Konglomerat- (Nagelfluh-) Verband. Rundes Geschiebe in einem Bindemittel eingebettet. Eigenaufnahme.

band porphyrartig; gelingt das Erkennen der einzelnen mineralischen Bestandteile der Grundmasse nicht ohne Mikroskop,

Abb. 20. Diabas. Verschränkter Verband. In ein Gerüst von Plagioklasleisten sind Augitkörner von unregelmäßiger Form als Füllung eingebaut.

dann spricht man von porphyrischem Verbande (Ergußgesteine; Abb. 15);

glasigen Verband (Gesteinglas) liefert rasche Abkühlung von Schmelzflüssen; solche Gesteine sind spröde;

verschränkt ist der Verband, wenn leisten- oder balkenförmige, tafelige oder stengelige Gemengteile innig ineinander greifen wie die Finger verschränkter Hände; er bewirkt außerordentlich kräftige Kornverbindung (viele Diabase, manche Basalte; Abb. 20) und ist daher dem Straßenbauer erwünscht;

Schlammverband: das Absatzgestein besteht hauptsächlich aus Körnchen und Schüppchen mit weniger als 0,02 mm Durchmesser; derartige Gesteine saugen Wasser auf und erliegen dem Froste leicht;

Abb. 21. Breschenverband; eckige Trümmer wurden zusammengekittet. Aufnahme: Ing. A. Winter.

Sandsteinverband: die Körner haben 0,2 bis 2,0 mm Durchmesser und haften durch einen Kitt aneinander; Bewährung vom Bindemittel abhängig (dies gilt übrigens auch von den beiden folgenden Verbandarten);

Breschenverband: eckige Trümmer mit mehr als 2 mm Durchmesser sind verkittet (Abb. 21);

Konglomeratverband: Rundlinge mit mehr als 2 mm Durchmesser haften mittels eines Kittes aneinander (Abb. 19). Gesteine mit Breschen- oder Konglomeratverband eignen sich im allgemeinen dann nicht mehr als Schottergut, wenn die Größe der einzelnen Verbundlinge 8 bis 10 mm überschreitet.

7. Gefüge.

Das Gefüge, das ist die Art und das Ausmaß der Raumerfüllung durch den Gesteinstoff, wird ziffernmäßig durch die Lückigkeitsziffer (L) gewertet. Sie wird durch die Gleichung L (Lückigkeit) $= \dfrac{\text{Lückenraum} \cdot 100}{\text{Gesteinrauminhalt}}$, also durch ein Raumverhältnis dargestellt. $L/100$ heißt auch der Undichtigkeitsgrad (U) des Gesteins, $(1-U)$ der Dichtigkeitsgrad. Das m. f. Au. erkennbare Gefüge kann man Grobgefüge, das erst u. d. M. erfaßbare Feingefüge nennen.

Das Gefüge einer Bergart beeinflußt zahlreiche ihrer technischen Eigenschaften; inwieferne es die Festigkeit herabsetzt, hat Leon A. (1908, 1914) zu zeigen versucht.

Die Hohlraumsumme einer Bergart wird auf verschiedene Weise bestimmt. So z. B. nach der Formel

Hohlraumsumme (l) = Gesamtrauminhalt — Festteilcheninhalt.

Man bezieht sie auf 100 und nennt sie bei Lockermassen gewöhnlich Porenraum (z. B. in der Baugrundgeologie). Die Ermittlung des Gesamtrauminhaltes eines Gesteins ist sehr leicht, wenn man z. B. ein geometrisch gut begrenztes Prüfstück mit einem Bodenstecher sorgfältig ausgehoben oder einen Probewürfel (eine Probewalze) angefertigt hat. War dies aus irgendeinem Grunde nicht möglich, dann empfiehlt sich das Erdöl- oder das Paraffinverfahren.

Bei dem Erdölverfahren legt man die feuchte Gesteinprobe (Schottergröße) auf den Boden eines Gefäßes, dessen Inhalt (randvoll) genau bekannt ist; man läßt nun aus einer Bürette solange Erdöl einfließen, bis die Bodenprobe vom Erdöl ganz überdeckt und das Glasgefäß randvoll oder bis zur Spitze eines Stiftes gefüllt ist; der Unterschied: Gefäßinhalt — eingefüllte Erdölmenge gibt genügend genau den Rauminhalt der Gesteinprobe an. Man kann auch ein Gefäß benützen, das einen stark nach abwärts gebogenen Schnabel besitzt und es mit Erdöl vollfüllen. Man stellt sodann unter den Schnabel ein Meßglas, führt das feuchte Gesteinstück vorsichtig ein und läßt es langsam untersinken. Die Erdölmenge, die ins Meßglas abgeflossen ist, gibt dann unmittelbar den Gesamtrauminhalt der Probe der Bergart an.

Trockene Probestücke eines Gesteins werden mit einer Paraffinhaut überkleidet; für feuchte Bergarten eignet sich das Verfahren nicht, weil das an der Bodenoberfläche haftende Wasser bei der Berührung mit dem geschmolzenen Paraffin Wasserdampf bildet, dessen Blasen empfindlich stören können. Die mit der Paraffinhaut überzogene Scholle wird nun genau so behandelt, wie im vorigen Absatze beschrieben wurde. Statt des Erdöls verwendet man aber Wasser. Man erhält jetzt den Rauminhalt des Bodens samt Paraffinhaut; um den Einfluß letzterer auszuschalten, löst man die Paraffinhaut vorsichtig ab und wiegt sie; das Gewicht des Paraffins geteilt durch seine Stoffdichte (im Mittel etwa 0,93, übrigens verschieden je nach seinem Schmelzpunkte) ergibt seinen Rauminhalt, der nun von dem ersteren Werte abgezogen wird (vgl. S. 51).

Bei Zuschlagstoffen sieht man von einer größeren Genauigkeit ab. Man füllt das zu untersuchende Gut in ein Hohlmaß von bekanntem Inhalt und stampft es, ohne Gewalt anzuwenden, bis zur Marke voll. Für Sande nimmt man ein Gefäß, welches 1 l faßt, für Splitt ein solches mit 5 l Fassungsvermögen und für Schotter Gefäße mit 10 oder 20 l Inhalt. Aus einem geeichten Gefäß gießt man sachte Wasser zu, bis die Oberfläche der Probe untertaucht. Man hat damit Lückenraum und Feststoffinhalt bestimmt. Die Bestimmung der Gefügewerte erfolgt meist gleichzeitig mit der Ermittlung vom Raumgewicht und Dichte (vgl. Abschn. 11).

Die Gesteinlücken können rundlich, unregelmäßig, aderähnlich, linig oder flächenhaft ausgedehnt sein (Spalten, Risse, Haarfugen, Haarrisse). Man macht ihre Form, ihren Verlauf und ihre Verteilung mit Hilfe des Mikroskops oder mittels Farbstofflösungen sichtbar. Als Farbstoffe verwendet man: alkoholische Nigrosinlösung (Hirschwald), Berliner Blau, Methylenblau, Eosin, übermangansaures Kali, Fluoreszein (nachfolgende Untersuchung mit der Ultralampe) u. a. m. Kieslinger (1931) rät von Fuchsin ab, da es sehr bald abgeseiht wird.

Man richtet zweierlei Reihen von Prüfstücken zu; die eine stellt man durch Abschlagen von Gesteinsplittern von etwa 60 bis 150 ccm Größe her, die andere durch Ersägen von Prüfstücken (vgl. auch Zelter, 1927); man kann so gleichzeitig die Einwirkung der Bearbeitung auf das Gestein feststellen. Man trocknet dann die Prüfstücke einige Stunden lang und legt sie mindestens 48 Stunden lang in die Farblösung. Nach Beendigung der Lagerung im gut verschlossenen Glasgefäß holt man die Proben mit einer Greifzange heraus, läßt sie abtropfen, trocknet und zerschlägt sie dann; aus ihren Bruchflächen lassen sich viele wichtige Eigenschaften des Gesteingefüges ablesen. Grengg (1930) macht Risse und Adern (linige Wasserbahnen) im Gestein auf folgende Weise sichtbar. Man streicht den Mittelgürtel eines Prüfstückes etwa $^1/_2$ mm dick und rund 1 cm breit mit Vaselin an; sodann legt man das Prüfgut in eine Schale mit einer Salzlösung (z. B. $^1/_{10}$ Sodalösung) derart ein, daß der eingefettete Streifen möglichst weit aus der Salzlösung herausragt.. Nach einiger Zeit blühen auf der trockenen Oberfläche des Prüfstückes oberhalb des Vaselingürtels Salze dort aus, wo feine Risse oder besonders wegige Gesteinstellen den raschen Aufstieg der Lösungen begünstigt haben; der Versuch muß in möglichst trockener Luft vorgenommen werden.

Nach der Größe der Gesteinlücken kann man bei Straßenbaustoffen etwa folgende Ausbildungsweisen des Gefüges unterscheiden:

z w e r g l ü c k i g: Hohlräume erst unter dem Mikroskop sichtbar; Bruchfläche des Gesteins kann glatt sein;

f e i n l ü c k i g: Hohlräume mit freiem Auge eben erst bemerkbar; Bruchfläche fein rauh;

k l e i n l ü c k i g: Hohlräume enger als 1 mm und weiter als 0,5 mm;

feinblasig:
feinschlackig: $\left.\right\}$ 1 mm < Hohlräume < 2,5 mm, Zwischenwände $\left.\right\}$ dünn dick

grobblasig:
grobschlackig: $\left.\right\}$ Hohlräume > 2,5 mm, Zwischenwände $\left\{\right.$ dünn dick.

Für gewisse Zwecke (Betonherstellung usw.) strebt man Korngemenge mit tunlichst kleiner Hohlraumsumme an (Schaulinien von F u l l e r, G r a f usw.); eine Angabe bringt auch die tieferstehende Übersicht.

W e c h s e l b e z i e h u n g   z w i s c h e n   K o r n g r ö ß e n z u s a m m e n - stellung   und   Hohlraumgehalt   nach   Ermittlungen   von H e r r m a n n (Der Straßenbau, 1931).

Mischungsanteile an Korngrößen						Zugehöriger Hohlraumgehalt in Raumhundertsteln
von 0 bis 0,05	0,05 bis 0,085	0,085 bis 0,2	0,2 bis 0,6	0,6 bis 2,0	2,0 bis 7,0	
0	—	20	80	—	—	30,0
5	—	19	76	—	—	28,4
10	—	18	72	—	—	27,8
15	—	17	68	—	—	26,3
20	—	16	64	—	—	23,6
22,8	—	12,2	9,0	23	32,5	14,5
30	—	14	56	—	—	21,6
30	—	70	—	—	—	24,0
30	—	35	35	—	—	20,0
40	—	12	48	—	—	24,4
40	—	36	30	—	—	23,7
50	—	10	40	—	—	26,7
100	—	—	—	—	—	41,5

8. Die Klüftigkeit.

Die Risse, Klüfte, Schnitte und anderen natürlichen Ab-
lösungsflächen des Gesteins kann man in grobsinnlich wahr-
nehmbare (Grobklüfte) und in solche scheiden, welche erst u.
d. L., u. d. M. oder mit Hilfe von Farbstoffen sichtbar gemacht
werden können (Feinklüfte, Haarklüfte).

Die Feinklüftigkeit bedingt oft die leichte Zerdrückbar-
keit einer sonst als fest geltenden Bergart unter der Straßenwalze

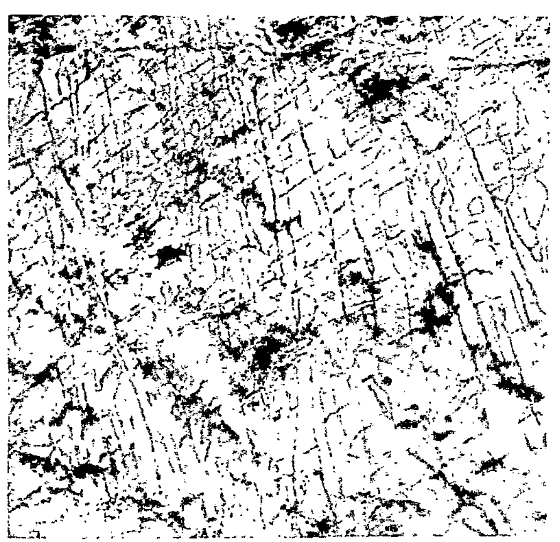

Abb. 22. Kleinstückige Zerhackung macht das Gestein für den neuzeitlichen
Straßenbau ungeeignet. Unterdevonischer Dolomit des Schloßberges in Graz,
Steiermark. Eigenaufnahme 1933.

(Quetschdolomit, Quetschkalk usw.); sie geht bei den einzelnen
Körnern in die Spaltbarkeit über (vgl. Tertsch; S. 90), erfaßt
aber manchesmal auch noch die einzelnen Spaltblättchen und
darf daher mit der Spaltbarkeit der Mineralien nicht verwechselt
werden, wenn sie auch vielfach deren vorbereitenden Bahnen
folgt (Kornzerquetschung).

Die Grobklüftigkeit entscheidet meist über die Verwendungsmöglichkeit eines Gesteinsvorkommens für Bruchstein,
Quadern usw. Ihr Maß ist die Klüftigkeitsziffer (K; Stiny,
1929) und dient zu Vergleichszwecken und zur Veranschaulichung

der Größe des Grundkörpers; dieser wird von den Grobklüften (Lassen, Losen, Schlechten usw.) begrenzt. K muß natürlich in Aufschlüssen erhoben werden. Abgesehen von den nicht seltenen Fällen kleinstückiger unregelmäßiger Zerhackung (Abb. 22) sind die Klüfte in den Steinbrüchen im allgemeinen in drei

Abb. 23. Klüftung von Granit. Bruch Brohnbichl von Widys Söhne; Schrems, N. Ö.

Scharen angeordnet, welche annähernd aufeinander senkrecht stehen. Man erhebt daher K am besten in folgender Weise.

Auf einer Wand des Steinbruches, einer Schlucht usw. zieht man mit einem Gesteinsplitter einen Strich in der Richtung senkrecht auf eine der Kluftscharen (etwa die Hauptkluftschar) oder spannt eine Schnur; man mißt die Länge der Strecke und zählt auf ihr die Anzahl der Klüfte ab, welche mit der betrachteten Kluftschar gleichlaufen. Man wählt sodann weitere Meßlinien und setzt die Zählung solange fort, bis die Summe der Länge aller Meßstrecken mindestens zwanzigmal solang ist als der roh geschätzte mittlere Abstand der Klüfte innerhalb der Schar. Die Anzahl der Klüfte geteilt durch

die Länge der Meßstrecke in Metern ist die gesuchte Klüftigkeitsziffer (K_1) in der Richtung senkrecht auf die eine Kluftschar.

In ähnlicher Weise verfährt man auch mit den Klüften, welche
sich auf der Wand annähernd senkrecht auf den Spuren der ersten
Schar abzeichnen; man erhält die Klüftigkeitsziffer K_2. Zur Ermittlung der Klüftigkeitsziffer in der dritten Richtung des Raumes sucht
man am besten eine andere Wand des Steinbruches auf, welche auf der
früher benutzten annähernd senkrecht steht; man ermittelt hier K_3.

Angenommenermaßen wäre $K_1 = 10$, $K_2 = 5$ und $K_3 = 4$; dann
betragen die Ausmaße des Grundkörpers in den entsprechenden
Richtungen des Raumes 10 cm, 20 cm und 25 cm; das Gestein bricht
mithin in Platten, welche für Bruchsteinmauerwerk zu dünn sind, sich
aber vielleicht zu Pflasterwürfeln weiter verarbeiten lassen (z. B.
kieselige Sandsteine des Flysch).

Die drei am häufigsten vorkommenden Hauptkluftscharen
(vgl. Abb. 5, 23) sind:

1. Die Bankungsklüfte (Bankungsflächen, Lagerflächen,
Schichtklüfte, Schieferungsklüfte, Sohlklüfte, grande feuille,
grain, bate).

2. Querklüfte, quer zum Streichen und gleichlaufend zum
Gebirgsdruck (Kopfflächen [irreführende Bezeichnung], Hirn,
petite feuille).

3. Längsklüfte, in der Richtung des Streichens und senkrecht zum Gebirgsdruck (Stirnklüfte, Spaltfläche, Stehgang,
petite feuille).

Schwierigkeiten bieten bei der Erhebung der Klüftigkeitsziffer
die versteckten Klüfte oder jene Stiche, die dem freien Auge nicht mehr
sichtbar sind. Aber auch in diesen selteneren Fällen, wo die Kluftmessung zu versagen scheint, ist eine roh erhobene Klüftigkeitsziffer
besser als gar keine; zudem kann die Anzahl der m. f. Au. nicht kennt-
lichen Stiche zwischen zwei sichtbaren Kluftflächen in Steinbrüchen
erfahrungsmäßig erhoben und bei der Berechnung der Klüftigkeitsziffer berücksichtigt werden.

9. Mineralbestand.

Der Mineralbestand grobkörniger Felsgesteine kann für rein
technische Zwecke auf einer rauhen oder geglätteten Fläche
des Gesteins m. fr. Au., allenfalls unter Zuhilfenahme einer
guten Lupe ermittelt werden. Von den übrigen Bergarten fertigt
man Dünnschliffe an und durchmustert sie u. d. M.

Neben der artmäßigen Ermittlung der Mineralbestandteile einer Bergart muß man für die Zwecke des Bauwesens auch

die mengenmäßige Vertretung der einzelnen Mineralarten (Quarz, Glimmer usw.) feststellen; bei ungleichkörnigen Gesteinen ist außerdem das Mengenverhältnis zwischen Einsprenglingen und Grundmasse zu erheben.

Nach dem zuerst von A. Rosiwal (1898) angegebenen Verfahren führt man die Körperermittlung (Rauminhalt der einzelnen Gemengteile) auf einfache Längenmessungen zurück. Die dabei benützten Sätze der Geometrie gelten strenge nur für kugelige oder wenigstens rundliche Körner in gleichmäßiger Verteilung. Man muß daher zur Erzielung einer genügenden Genauigkeit (1 v. H.) bei den gesteinbildenden Mineralien besondere Vorsichtsmaßregeln beachten. So soll z. B. die gesamte Länge der Linien, auf welcher die Mineral-längen gemessen werden („Meßlinien",

Abb. 24), mindestens das Hundertfache der Korngröße des betreffenden Minerals betragen. Bei Gesteinen mit Lagen-, Fließ-, Streck- oder Schiefertracht sind Dünnschliffe je nach Bedarf in zwei oder drei aufeinander senkrecht stehenden Richtungen herzustellen und auszumessen.

Die Meßlinien werden bei sehr grobkörnigen Gesteinen mit Bleistift oder Tusch auf eine ebene Fläche des Handstückes gezogen; bei Verwendung des Mikroskops sind sie durch die Linien der Meßvorrichtung (Okularmikrometer) gegeben; man verteilt sie am handsamsten in zwei aufeinander senkrecht stehenden

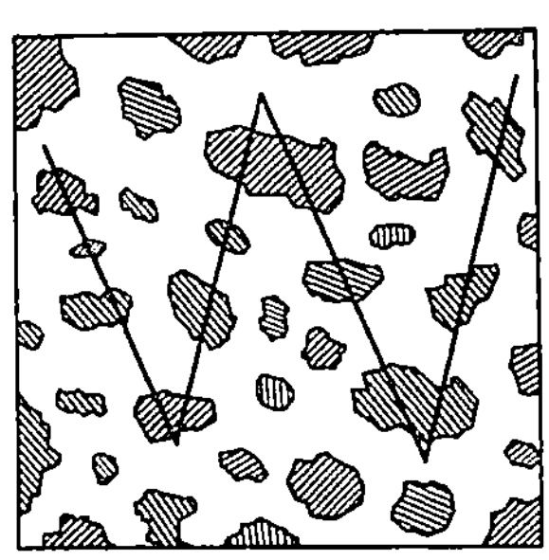

Abb. 24. Meßlinien zur Bestimmung des Mengenanteiles eines Minerales am Gesteinsaufbau.

Richtungen dergestalt über die auszumessende Fläche, daß jedes Korn nur einmal von den Meßlinien durchschnitten wird. Manche empfehlen Zickzacklinien (Abb. 24). Auf den Meßlinien nimmt man nun — entweder durch unmittelbaren Abstich oder mit Hilfe des Schraubenmikrometers — die Strecken ab, welche die Meßlinien von jedem Korn des betreffenden Minerals abschneiden; man vereinigt die einzelnen Teillängen l_1, l_2, l_3 usw. zur Summe L („Mengenlinie") und stellt sie der Gesamtlänge der Meßlinie Lm (der „Meßliniensumme") gegenüber. Der Bruch: $\dfrac{L}{Lm} \cdot 100$ (Gesamtlänge der durch das Mineral gehenden Abschnitte der Meßlinien, geteilt durch die Gesamtlänge der Meßlinien × hundert) gibt den Raumanteil des ausgemessenen Minerals an dem Gesamtkörper des Gesteins.

Rascher führt das Verfahren von S. J. Shand zum Ziele. Er verwendet zwei ineinandergleitende Schraubenschlitten (Abb. 25), die auf dem Mikroskoptisch befestigt werden; der innere Schlittenrahmen nimmt den Dünnschliff auf. Zur Messung benötigt man eine Augenlinse mit Fadenkreuz; dem Querfaden werden die Schlitten gleichgerichtet und am Längsfaden die Mineralgrenzen eingestellt. Mit dem einen Schlitten durchwandert man nun die Streckenabschnitte, welche auf den Mineralkörnern liegen, mit dem andern Schlitten die Zwischenräume zwischen den Mineralkörnern. Vor dem Beginn der Messungen und am Ende der Durchmusterungen liest man die Stellung der Mikrometerschrauben ab; diese vier Ablesungen genügen auch dann, wenn mehrere Meßlinien verwendet werden; man muß nur nach Durchmusterung der ersten Meß-linie das Meßgerät auf dem Tische so verschieben, daß man die nächste Meßlinie unmittelbar an die vorhergehende anlegen kann. Man erhält so gleich die Summe der Mineralschnittlängen und die Gesamtlänge der Zwischenräume; eine einfache Rechnung ergibt dann den Mengenanteil des ausgemessenen Minerals.

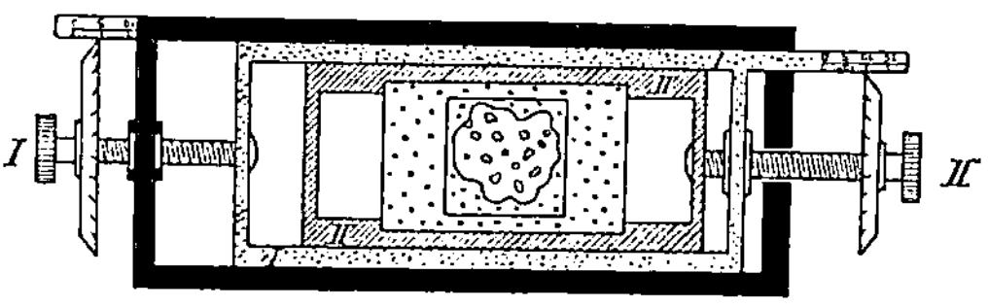

Abb. 25. Meßschlitten nach S. J. Shand.

Die Mineralbestandaufnahme von gröberen Sanden kann ebenso wie diejenige von Splitt, Schottern usw. mittels Auslesens einer genügenden Menge des Gutes bewirkt werden; man wiegt die Gesamtmasse und setzt sie in Beziehung zum Gewichte der einzelnen, z. B. mit Hilfe eines Greifers (Pinzette) ausgesonderten Teilhäufchen. Bei gröberen Lockermassen ist die Sonderung gleichzeitig eine solche nach Mineralien (Quarz, Kalk usw.) und nach Gesteinen (z. B. Gneis, Granit, Phyllit, Quarzitschiefer usw.).

Das Ausklauben ist mühsam und wird deshalb meist auf die technisch wichtigsten Gemengteile beschränkt; Mineralien (Gesteine) mit ähnlichem technischen Verhalten werden dabei zu Gruppen zusammengefaßt. Beim Erkennen der wichtigeren Bestandteile leistet verdünnte Salzsäure (etwa 1 : 5) gute Dienste. Reine Kalke brausen stürmisch auf und erhalten eine glatte, oft glänzende Oberfläche; dolomitische Kalke entwickeln nur wenige Kohlensäurebläschen; ihre Oberfläche wird rauh (Hervortreten stärker dolomitischer Einlagerungen). Tonschiefer löst sich nicht, scheidet aber auf seiner Oberfläche Tonteilchen ab, die sich abwaschen lassen; ähnlich verhalten sich Mergel; doch brausen diese außerdem noch auf. Reiner Dolomit entwickelt keine Kohlensäurebläschen. Quarz wird nicht gelöst und dadurch vom Dolomit getrennt, daß er Glas ritzt; er zeigt unregelmäßigen Bruch und unterscheidet sich dadurch vom ebenflächigen Feldspat, welcher ebenfalls vom Messer nicht geritzt und von der Salzsäure nicht angegriffen wird.

Neben der Art der technischen wichtigen Mineralien eines Gesteins und ihrer Menge muß insbesonders ihre Frische, Rißfreiheit, der sonstige Grad ihrer Beanspruchung durch den Gebirgsdruck (z. B. wellige Auslöschung), das Vorhandensein von Gleitflächen usw. festgestellt und vermerkt werden. Umwandlungsvorgänge, welche das Gestein nicht verschlechtern, sondern vielleicht noch verbessern (z. B. Saussuritbildung) werden in den Gutachten ausdrücklich gewertet, um in Laien keine unberechtigten Minderwertigkeitsvorstellungen zu erwecken. Der Geübte kann aus der mineralischen Untersuchung eines Gesteins sehr viel schließen, wenn er gleichzeitig andere Eigenschaften des Gesteins feststellt, die ihm das Dünnschliffbild enthüllt. Die bloße Aufzählung der Mineralien, die eine Bergart zusammensetzen, sagt oft nur wenig. Das zeigt u. a. eine Übersicht, die wir Motschmann (1934) verdanken; ein Auszug aus ihr folgt tieferstehend.

Die mineralogische Zusammensetzung einiger deutscher Granite.

Herkunft	Zusammensetzung in v. H.			Raum-gewicht	Druck-festigkeit kg/qcm	Abnützung ccm/qcm
	Feld-spat	Quarz	Glim-mer			
Epprechtstein ..	71,9	25	3	2,60	1500	0,15
Freudensee	71,2	25	3	2,65	2000	0,25
Büchlberg	76,7	17	6	2,77	2500	0,16
Fürstenstein	76	17	7	2,76	1800	0,13
Metten	70	22	8	2,67	1530	0,36
Einöd (Vilshofen)	68	24	8	2,67	2210	0,24
Bauzing	60—70	25—30	3	2,66	2050	0,23
Kösseine	57	40	3	2,69	1900	0,20
Fuchsbau	56	36	3	2,66	1745	0,19
Gericht b. Selb..	51	44	5	2,65	1950	0,07
Schneeberg	51	43	6	2,68	1520	0,10
Flossenbürg	46	50	4	2,70	1700	0,22

Die Ergebnisse von Untersuchungen, die Zelter (1927) an Graniten anstellte, zeigen dagegen deutlichere Wechselbeziehungen zwischen Mineralbestand und Gebrauchseignung.

Erkennungszeichen der wichtigsten Mineralien der Straßenbaugesteine.

Kiese. Metallisch glänzend, speisgelb (Schwefelkies), goldgelb (Kupferkies), graulichspeisgelb (Strahlkies, Wasserkies), bronzefarben (Magnetkies). Verwitterungsfarben: rostgelb, rostbraun, zuweilen grün (Malachit) oder blau (Azurit). Wegen Entbindung von Schwefelsäure oft sehr schädlich, namentlich in sauren Gesteinen.

Quarz. $H = 7$, $D = 2,65$. Hexagonal. Ganz unregelmäßiger muscheliger oder splittriger (spröde!) Bruch; Fettglanz, nur auf den natürlichen Begrenzungsflächen Glasglanz. SiO_2; sehr wetterfest. Wenig abnützbar. Abarten: Milchquarz, Gelbquarz, Braun-

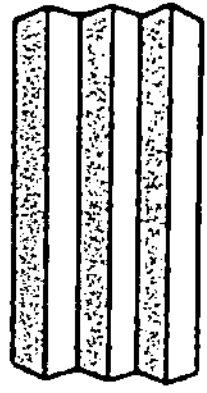

Abb. 26. Die Streifung durch abwechselnd glänzende und matte Bänder kennzeichnet den Plagioklas (Trikliner Feldspat).

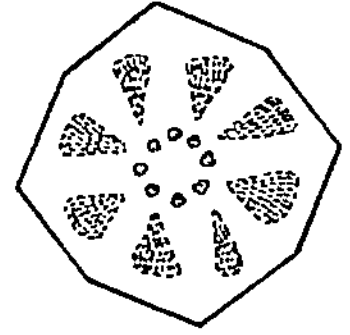

Abb. 27. Leuzit. Querschnitte meist achteckig bis rundlich. Regelmäßige Verteilung von Einschlüssen.

quarz, Hornstein (dicht, flachmuschelig oder splittrig brechend), Feuerstein.

Feldspat. $H = 6$. Von Quarz u. a. durch regelmäßigen, ebenen Bruch unterschieden; Spaltflächen glasglänzend bis perlmutterglänzend, wenn frisch (unfrisch: matt $\rightarrow$ trübe $\rightarrow$ erdig). Frisch wetterfest. Arten: **Orthoklas.** $D = 2,54$ bis $2,58$. $K_2Al_2Si_6O_{16}$. Einfache Zwillingstreifung; eine Hälfte der sichtbaren Mineralfläche spiegelt ein, während die andere beschattet erscheint. Monoklin. **Plagioklas.** $D = 2,62$ bis $2,76$. Mischungen von $Na_2Al_2Si_6O_{16}$ (Albit) mit $CaAl_2Si_2O_8$ (Anorthit). Triklin. Mehrfache Zwillingstreifung: matte und hellaufleuchtende Streifchen wechseln auf der Spaltfläche miteinander ab (Abb. 26).

Leucit. $H = 5^1/_2$ bis 6, $D = 2,45$ bis $2,50$. Meist Vierundzwanzigflächner bildend, daher achteckige bis rundliche Schnitte (Abb. 27). $K_2Al_2Si_4O_{12}$. Meist weiß. Ziemlich wetterbeständig.

Nephelin. $H = 5^1/_2$ bis 6, $D = 2,55$ bis $2,65$. Hexagonal; Schnitte meist Sechsecke oder Rechtecke. $Na_2Al_2Si_2O_8$. Ziemlich wetterbeständig. Ohne Spaltbarkeit, Bruch flachmuschelig.

Glimmer und Verwandte. Kenntlich an der schuppigen Tracht und weitgehenden Spaltbarkeit nach der Endfläche. Monoklin. Schädlinge im Gestein (Minderung der Festigkeit und der Wetterbeständigkeit). H = $2^1/_2$ bis 3, lebhaft glänzend. Arten: Dunkelglimmer (Biotit). D = 2,8 bis 3,2. Schwarz, mit rötlichem Stich anwitternd, dann goldig und schließlich farblos werdend (Bauerit). Ziemlich wetterbeständig. Hellglimmer (Muskowit). D = 2,76 bis 3,1, silberglänzend. Wetterfest. Seidenglimmer (Serizit). Ähnlich dem vorigen, aber feinschuppig, fettig sich anfühlend und den Gesteinen einen seidigen Schimmer verleihend. Grünglimmer (Chlorit). D = 2,5 bis 2,9, H = $1^1/_2$ bis 3; schmutziggrün bis dunkelgrün. Mäßig wetterfest bis wetterbeständig.

Augit. Querschnitte meist achteckig (Abb. 28). Säulenflächen und Spaltrisse kreuzen sich unter einem Winkel von etwa 87^0 (93^0). Bruch splittrig bis hackig; Bau gedrungen; H meist 6. Wenn frisch, wetterbeständiger als die Hornblenden.

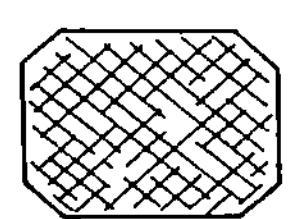

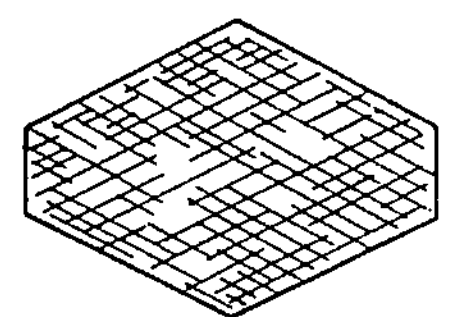

Abb. 28. Achteckiger Querschnitt durch einen Augitkristall; Spaltrisse Winkel von rund 87^0 miteinander einschließend.

Abb. 29. Querschnitt durch einen Hornblendekristall. Säulenflächen sowohl als Spaltrisse schneiden sich unter Winkeln von etwa $124^1/_2{}^0$.

Arten: Gemeiner Augit und basaltischer Augit. H = 6, D = 3,3 bis 3,5; meist schwarz. Diallag. H = 4, D = 3,23 bis 3,34. Körner, grau bis bräunlich oder lauchgrün. Bestandteil des Gabbro. Lebhaft, oft metallisch glänzend. Omphacit. H = 6, D = 3,24 bis 3,3. Weingrün, grasgrün bis sattgrün. In Eklogiten.

Hornblende. Querschnitte meist sechseckig (Abb. 29); Säulenflächen und Spaltrisse Winkel von $124^1/_2{}^0$ ($55^1/_2{}^0$) bildend. H = $5^1/_2$ bis 6. Meist stengelig, seltener gedrungen; frisch immerhin wetterbeständig.

Arten: Gemeine und basaltische Hornblende; gedrungen; D = 3,15 bis 3,33, dunkelschwärzlichgrün, auch schwarz. Strahlstein: lichtgrün bis schwärzlichgrün, stengelig. D = 3,05 bis 3,15. $CaMg_3Si_4O_{12} + CaFe_3Si_4O_{12}$.

Granat. Rautenzwölfflächner oder Deltoidvierundzwanzigflächner, daher gleichausmaßige, oft rundliche Durchschnitte. D = 3,4, H = $6^1/_2$ bis $7^1/_2$. Rotbraun bis rot. Wetterfest bis völlig wetterfest, nur tonreiche gemeine Granaten verwittern leichter zu Brauneisenmulm. Orthosilikat.

Olivin. Rhombisch, unvollkommen spaltend; Bruch muschelig bis splittrig. H = $5^1/_2$ bis 7, D = 3 bis 3,4; $Fe_2SiO_4 + Mg_2SiO_4$ in wechselndem Verhältnis. Mäßig wetterfest. Neigt zur Umwandlung in Serpentin; Glasglanz, ölgrün, flaschengrün, spargelgrün.

Übersicht über die straßenbaulich wichtigsten Durchbruchgesteine.

	Hauptgemengteile sind		Der Verband ist vorherrschend		Sonstige Eigenschaften
			gleichmäßig körnig (Tiefengesteine)	porphyrisch (Ergußgesteine)	
vorwiegend monokliner Alkalifeldspat	mit Quarz und Glimmer (oder einem anderen farbigen Gemengteil)		Granit	Quarzporphyr (alt) Liparit (neuzeitlich)	← abnehmend Kieselsäuregehalt zunehmend →
	ohne Quarz	mit farbigem Gemengteil	Syenit	Orthoklasporphyr Trachyt (neuzeitlich)	Raumgewicht abnehmend bis 2,6 bis 2,7 →
		Feldspatvertreter ersetzt ganz oder teilweise den Feldspat	Eläolithsyenit	Phonolith	hell · · · dunkel
vorwiegend Kalknatronfeldspat	mit Hornblende (oder Glimmer, seltener Augit)	Kalknatronfeldspäte gehören dem sauren Teile der Reihe an	Diorit	Porphyrite (alt) Andesite (neuzeitlich)	Druckfestigkeit im allgemeinen sinkend →
	mit Augit (seltener Hornblende)	Kalknatronfeldspäte gehören dem basischen Teile der Reihe an	Gabbro	Diabas (altzeitlich) Melaphyr (mittelzeitlich) Basalt (neuzeitlich)	← Wetterbeständigkeit im allgemeinen steigend

Übersicht der für den Straßenbau wichtigsten Absatzgesteine.

Hauptgemengteile sind		Benennung
kohlensaurer Kalk (Kalkspat)		Kalkstein Marmor (hochkristallin)
Kalkspat und Talkspat (kohlen- saure Magnesia)		Dolomit
Quarz		Quarzsandstein (Süßwasserquarz) und Quarzit (im Sinne von Stolley)
verschieden	Lockermassen	Blöcke Schotter Kies Sand } je nach Korngröße
verschieden	durch ein Binde- mittel verkittet	Bresche (Trümmer eckig, größer als 2 mm Durchmesser) Konglomerat (Trümmer rund, größer als 2 mm Durchmesser) Sandstein (Körner unter 2 mm Durchmesser)

Turmalin. Hexagonal. Querschnitte meist annähernd drei-
eckig — sphärisch dreieckig. $H = 7$ bis $7^1/_2$, $D = 3$ bis $3,4$. Völlig
wetterfest (Abb. 30).

Brauneisen. $H = 5$ bis $5^1/_2$, $D = 3,5$ bis $3,9$. Braun, rotbraun
bis rot, je nach dem Wassergehalte ($Fe_2O_3 . xH_2O$); Strich braun. Ver-
witterungsgebilde vieler eisenhaltiger Mineralien,
darunter von Kiesen (dann Warnungszeichen!).

Kalkspat. Hexagonal-rhomboedrisch, $H = 3$,
$D = 2,72$. Braust mit verdünnten Säuren lebhaft
auf (schon in der Kälte, im Handstücke); auch
in kohlensäurehältigen Wässern löslich.

Dolomit. Rhomboedrisch; $H = 3^1/_2$ bis $4^1/_2$,
$D = 2,85$ bis $2,95$. Braust mit hochgradigen
Säuren auf; mit verdünnten Säuren nur in der
Hitze oder wenn man das Mineral zuerst pulvert.
Spröder als Kalkspat, sonst aber technisch meist etwas günstiger.

Gips. Monoklin, $H = 1,5$ bis 2, $D = 2,31$ bis $2,33$; $CaSO_4 . 2 H_2O$.
Schädling, weil Schwefelsäure entbindend. Wasserlöslich.

Anhydrit. Rhombisch; $H = 3$ bis $3^1/_2$, $D = 2,9$ bis 3. $CaSO_4$.
Technisch schädlich gleich Gips. Wasserlöslich.

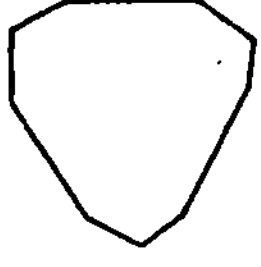

Abb. 30. Quer-
schnitt durch einen
Turmalinkristall.

Kaolin. Monoklin. H = 2 bis 2,2, D = 2,6 bis 2,63. Schüppchen; meist Zersetzungsgebilde von Feldspäten, in Straßenbaugesteinen nicht willkommen. $H_2Al_2Si_2O_8 . H_2O$.

Andalusit. Rhombisch, Schnitte meist viereckig, Körner. H = 7 bis $7^1/_2$, D = 3,1 bis 3,17. Technisch günstig. Al_2SiO_5.

Cordierit. Rhombisch, oft veilchenblau; vom ähnlichen Quarz durch die Spaltbarkeit nach der Längsfläche unterschieden (gleichgerichtete Risse!). H = 7 bis $7^1/_2$, D = 2,58 bis 2,66. Technisch günstig.

Disthen. Triklin. In Straßenbaustoffen (Granuliten z. B.) meist blaue Stengel (Cyanit). Al_2SiO_5. H = $4^1/_2$, $6^1/_2$ und 7 (auf der Längsfläche). D = 3,48 bis 3,68. Technisch nicht ungünstig.

Serpentin. H = $2^1/_2$ bis 4, manchesmal auch durch Verkieselung mehr, D = 2,2 bis 2,8; ölgrün, schmutziggrün, lauchgrün, blaugrün; $H_4Mg_3Si_2O_9$; gibt im Kölbchen Wasser ab. Wetterbeständig.

Epidot. Monoklin, H = $6^1/_2$ bis 7, D = 3,3 bis 3,5. Stengel. Zeisiggrün bis pistaziengrün. $HCa_2Al_3Fe_3Si_3O_{13}$. Glasglanz. Wetterfest.

Übersicht über die für den Straßenbau wichtigsten Umprägungsgesteine.

Tracht	Mineralische Hauptgemengteile	Benennung
flüssig	Omphacit und Granat	Eklogit
	Cordierit, Andalusit, Quarz, Feldspat, Granat usw.	Hornfels
	Serpentin	Serpentinfels
schiefrig	Quarz	Quarzitschiefer, Kieselschiefer
	Hornblende und Feldspat	Amphibolit
	Quarz, Feldspat, Granat, oft auch Augit	{ Granulit, Hellgranulit (ohne Augit) { Dunkelgranulit (mit Augit)
	Serpentin	Serpentinschiefer
	Feldspat, Quarz und ein dunkler Bestandteil	Gneis { Glimmergneis { Hornblendegneis { Augitgneis
	Kalkspat	{ Kalkschiefer { Marmorschiefer
	Körner von Quarz und anderen Mineralien verkittet	Sandsteinschiefer (z. B. Grauwacken-Sandsteinschiefer)
	Omphacit (oft auch Smaragdit) und Granat	Eklogitschiefer

C. Einfache physikalische und chemische Untersuchungen.

10. Das Verhalten des Gesteins zum Wasser.

Für den Straßenbau sind insbesondere das Wasseraufnahmevermögen und die Erweichbarkeit von Gesteinen wichtig.

Das Aufnahmevermögen der Gesteine für Wasser (W) hängt wesentlich von der gegenseitigen Verbindung, Zahl, Form und Größe ihrer feinen Hohlräume, also, ungenau ausgedrückt, auch von der Lückigkeit des Gesteins (vgl. S. 33) ab. Strenge genommen sollte, wie Kieslinger (1931) richtig betont, W in Raumhundertsteln angegeben werden:

$$W_r = \frac{\text{Wassermenge}}{\text{Gesamtinhalt des Gesteins}} \cdot 100$$

(scheinbare Lückigkeit nach DIN 2103). Es wird jedoch oft ausgedrückt durch das Verhältnis des Trockengewichtes der Felsmasse (G) zur Gewichtszunahme im wassersatten Zustande ($G_w - G$): $W = \dfrac{G_w - G}{G} \cdot 100$.

Das Wasseraufnahmevermögen eines Gesteins ermittelt man, indem man ein gut gereinigtes, scharf gebürstetes Probestück bei etwas über 100^0 C bis zur Gewichtsbeständigkeit trocknet, sorgfältig wiegt und allmählich von unten her unter Wasser setzt. Für die Prüfung von Schotter benützt man dabei gewöhnlich Schotterstücke selbst mit etwa 40 mm Durchmesser. Beabsichtigt man jedoch Festigkeitsprüfungen an trockenen und nassen Würfeln (Walzen) vorzunehmen, so wird die Bestimmung der Wasseraufnahme gleich an diesen Probekörpern durchgeführt. Nach mehreren Tagen der Wasserlagerung nimmt man das Bruckstück aus dem Wasser, tupft es mit Fließpapier, einem feuchten Schwämmchen oder reinen Lappen sorgfältig ab und wiegt es wieder; die Wägung wird nach einiger Zeit wiederholt, bis keine Gewichtszunahme mehr stattfindet. Man weicht dadurch Fehlerquellen aus, welche durch verschiedene Größe und Form von Probekörpern bedingt sein können. Die Wasseraufnahme, in Hundertsteln ausgedrückt, beträgt dann wie oben $W = \dfrac{G_w - G}{G} \cdot 100$.

Man kann die Ergebnisse einer Versuchsreihe auch in Schaulinien des zeitlichen Verlaufes der Wasseraufnahme darstellen (vgl. A. Winter). A. Rosiwal empfahl Kochen der Prüfstücke in reinem Alkohol vor der Wasserlagerung. Volle Wassersättigung wird oft erst nach Monaten erreicht; meist begnügt man sich aber mit der Angabe von W nach achttägiger Lagerung.

DIN 2103 schreibt folgende Prüfungseinzelheiten vor: mindest 5 möglichst gleich große Proben von 50 ccm oder mehr Rauminhalt; Gewichtsangaben mit 0,1 v. H. Genauigkeit; Unterwassersetzen zuerst bis zu $^1/_4 h$, nach 1 Stunde bis $^1/_2 h$, nach 2 Stunden bis $^3/_4 h$ und nach 22 Stunden bis über ihre Höhe (h); 1. Wägung nach 24 Stunden (G_{24}), weitere alle 24 Stunden. Das Ergebnis weist auf G, G_{24}, G bei Sättigung. Zeitdauer bis zum Eintritt der Gewichtsgleichheit. Die Wasseraufnahme wird angegeben als wirkliche Gewichtszunahme, in Hundertsteln des Trockengewichtes und in Raumhundertsteln der Trockenprobe (scheinbare Lückigkeit).

Fill schaltet Fehlerquellen, welche aus der Art des Abtrocknens usw. entspringen, durch eine neue Art der Wasseraufnahmebestimmung nahezu vollkommen aus; er beschreibt den Prüfvorgang folgendermaßen:

„Das Gesteinstück wird an einen dünnen Kupferdraht gebunden und nach den üblichen Vorbereitungen unter Wasser ausgewogen. Da der Gewichtsverlust der Probe nur um den Betrag des aufgenommenen Wassers größer geworden ist, kann durch Ermittlung des Gewichtes der getrockneten Probe unter Wasser (nach Umhüllung mit Paraffin) die Wasseraufnahme sofort errechnet werden.

Wenn G_T das Trockengewicht des Probekörpers,
$\quad\quad G_P$ das Gewicht der Paraffinumhüllung,
$\quad\quad G_W$ die vom Probekörper aufgenommene Wassermenge,
$\quad\quad A_T$ der Auftrieb des getrockneten Probekörpers,
$\quad\quad A_P$ der Auftrieb der Paraffinumhüllung,
$\quad\quad G_1$ des Gewicht des eingetauchten Gesteinstücks,
$\quad\quad G_2$ das Gewicht des eingetauchten, bei 110^0 C getrockneten und mit Paraffin umhüllten Gesteinstücks,
$\quad\quad G_D$ das Gewicht des verwendeten Drahtes,
$\quad\quad A_D$ der Auftrieb des Drahtes,

so besteht folgende Beziehung:

$$G_1 = G_T + G_W + G_D - (A_T + A_D) \ldots\ldots\ldots\ldots (1)$$

$$G_2 = G_T + G_D + G_P - (A_T + A_D + A_P)\ldots\ldots (2)$$

für $A_P = \dfrac{G_p}{0,93}$ ist die Wasseraufnahme

$$G_W = G_1 - (G_2 + 0,07\,G_P) \ldots\ldots\ldots\ldots\ldots (3)$$

Im ersten Augenblick mag dieses Verfahren umständlich erscheinen, besonders im Vergleich zur alten Art, da dort nur zwei Wägungen notwendig sind, während hier erst vier Wägungen zum Ziele führen. Der Vorteil des Verfahrens liegt jedoch in der Ausschaltung einiger Fehlerquellen, wodurch bedeutend verläßlichere Endwerte erhalten werden. Das Abtrocknen entfällt vollkommen. Der Versuchskörper bleibt während der Wasserlagerung so gut wie ungestört; der Gewichtsverlust durch Wegtupfen von Gesteinteilchen, die sich durch wiederholtes Aus-dem-Wasser-Nehmen vom Gesteinverbande loslösen, entfällt ebenfalls. Zeigen Wägungen mit der Tauchwage Gewichtsabnahme auf, so ist dies Lösungsvorgängen im Wasser zuzuschreiben (Liebscher, 1934). Ferner kann die Wasseraufnahme nach diesem Verfahren innerhalb kleinster Zeitabschnitte ermittelt werden.

Ein weiterer Vorteil ist, daß man mit der Bestimmung der Wasseraufnahme auch das Raumgewicht des Gesteinstücks mitbestimmt $\left(\text{Raumgewicht } g = \dfrac{G_T}{A_T}\right)$; aus der Gleichung (1) ist $A_T = G_r + G_W + (G_D - A_D) - G_1$, bei Verwendung von Kupferdraht, der zu zwei Drittel seiner Länge in Wasser getaucht ist, ist näherungsweise $A_D = \dfrac{G_D}{14}$, das Raumgewicht demnach

$$g = \frac{G_T}{G_T + G_W + \dfrac{G_D}{1,07} - G_1} \cdot \text{“}$$

Fill (1934) betont, daß die Wasseraufnahmewerte nur dann miteinander vergleichbar sind, wenn sie an Probestücken gewonnen wurden, welche annähernd gleiches Verhältnis von Oberfläche zu Rauminhalt besitzen; sonst stellen sich sehr erhebliche Fehler ein (Abb. 31). Man sollte daher für Straßenbauzwecke die Wasseraufnahme stets an Schotterstücken von annähernd gleicher Größe (etwa 4 cm Durchmesser) bestimmen.

An der Lehrkanzel für Technische Geologie an der Technischen Hochschule in Wien setzt man das feuchte Gesteinstück unter Wasser und bestimmt das Trockengewicht erst nach dem Versuche.

Die Sättigungsziffer (Sättigungsgrad: S) gibt annähernd jenen Bruchteil der Gesamthohlraumsumme eines Gesteins an, welcher unter günstigen Umständen bei gewöhnlichem Druck tatsächlich von aufgenommenem Wasser erfüllt werden kann.

Ihre Ermittlung beschreibt DIN 2103: Man entlüftet die Probestücke unter überdampftem Wasser bei 20 mm Quecksilbersäuledruck so lange, bis keine Luftblasen mehr entweichen und das Gewicht gleichbleibt; hierzu genügen meist 3 Stunden. Hierauf läßt man die Proben bei gewöhnlichem Luftdruck weitere 2 Stunden unter Wasser liegen; sodann setzt man sie — immer noch im entlüfteten, überdampften Wasser — einem Überdruck von etwa 150 kg/qcm 24 Stunden lang aus und bestimmt ihr Gewicht.

Da durch den hohen einseitigen Druck auch zarte Scheidewände zwischen getrennten Lücken zerbrochen werden können, ist das Verfahren ziemlich roh und näherungsweise. Besser erscheint mir die Ermittlung der Sättigungsziffer (S_r) aus dem Wasserauf-

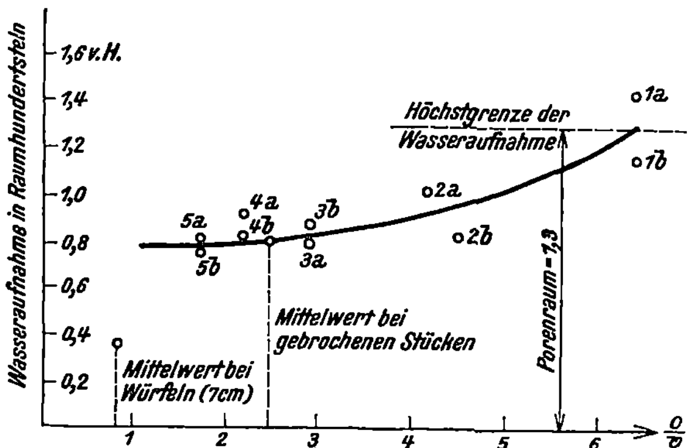

Abb. 31. Wasseraufnahmeuntersuchungen haben verschiedenes Ergebnis je nach dem Verhältnis von Oberfläche und Rauminhalt des Probestückes. Aus einer Arbeit von Dr.-Ing. R. Fill im Institute für Technische Geologie an der Technischen Hochschule in Wien.

nahmevermögen bei gewöhnlichem Druck, in Raumhundertsteln ausgedrückt, und der durch Wägungen (S. 33) ermittelten Gesamthohlraumsumme: $S_r = \dfrac{W_1}{L}$, worin L = Gesamtrauminhalt des Gesteins — Festteilcheninhalt.

DIN 2103 sieht auch die Prüfung auf Aufsaugung von kochendem Wasser vor.

Man trocknet die Proben 2 Stunden lang bei etwa 100° C, wiegt sie nach dem Erkalten im Exsikkator (G_{tr}) und legt sie in ein Gefäß mit überdampftem Wasser derart, daß die Probestücke nicht völlig unter das Wasser tauchen. Nach 1 Stunde gießt man soviel überdampftes Wasser nach, bis die Stücke völlig bedeckt sind; hierauf kocht man 2 Stunden lang; verdampftes Wasser muß immer wieder ersetzt werden, damit die Probestücke nicht aus dem Wasser heraussehen. Man läßt sie sodann unter Wasser erkalten, nimmt sie einzeln heraus und tupft sie vorsichtig mit einem angefeuchteten Lappen ab; hierauf wiegt man sie sofort (G_k). Man berechnet

$G_k - G_{tr}$, $\dfrac{G_k - G_{tr}}{G_{tr}} \cdot 100$ (Wasseraufnahme in Gewichtshundertsteln) und Wasseraufnahme in Raumhundertsteln $\left(\dfrac{G_k - G_{tr}}{G_{tr}} \cdot 100 \text{ Raum-}\right.$ gewicht$\left.\right)$ bezogen auf die trockenen Proben.

Die Wasserabgabeprobe führt DIN 2103 in folgender Weise durch: Die nach dem obigen Verfahren wassergetränkten Proben trocknet man bei etwa 20° C über $^{98}/_{100}$ Schwefelsäure. Der Exsikkator soll einen Durchmesser von etwa 150 mm, eine Höhe von 100 mm und eine Füllung von etwa 500 ccm haben; alle 24 Stunden bestimmt man das Gewicht und erneuert die Exsikkatorfüllung: Gewichtsgleichheit beendet den Versuch. Die Wasserabgabe wird ähnlich berechnet wie die Wasseraufnahme; so z. B. ist sie in Gewichtshundertsteln

$$\frac{\text{Gewicht d. Probe wassergetränkt} - \text{Gew. d. getrockneten Probe}}{\text{Gewicht der getrockneten Probe}} \cdot 100.$$

Will man die Wasserabgabe in Raumhundertsteln ausdrücken, so hat man den obigen Wert noch mit dem Raumgewichte zu vervielfachen.

11. Einheitsgewicht (Raumgewicht, Stoffgewicht).

Das Raumgewicht (R) eines Gesteins ist das Gewicht der Raumeinheit (einschließlich der Hohlräume). Es hängt in erster Linie von der Dichte der Gesteingemengteile und von der Lückigkeit ab. Es wird manchmal unmittelbar an hergestellten Probestücken oder Probewürfeln ermittelt; man trocknet sie bei etwa 100° C, wiegt sie und nimmt ihre Raumausmaße ab. $R = \dfrac{G}{V} = \dfrac{\text{Gewicht}}{\text{Rauminhalt}}$. DIN 2102 schreibt 0,1 v. H. Gewichtsgenauigkeit und 0,25 v. H. Längenmeßgenauigkeit vor; man rundet auf die zweite Stelle ab.

Unregelmäßig gestaltete Gesteinstücke sollen mindestens 50 ccm Rauminhalt besitzen; man trocknet sie bis zur Gewichtsgleichheit (G) und taucht sie sodann in geschmolzenes Paraffin. Sie umgeben sich beim Herausziehen mit einer dünnen Paraffinhaut und werden nach dem Erkalten nochmals gewogen (G_p). Den Rauminhalt (J_p) bestimmt man etwa nach Abschn. 7. Durch Rechnung erhält man R (Raumgewicht) $= \dfrac{G}{J}$. Da man Dichte (0,93) und Gewicht des Paraffins kennt ($G_p - G$), so kann man den reinen Rauminhalt des Gesteins errechnen $\left(J = J_p - \dfrac{G_p - G}{d_p}\right)$.

Meist kann jedoch der Rauminhalt des Paraffins vernachlässigt werden; man erspart dann die Wägung im paraffingetränkten Zustand und hat dann gleich $R = \frac{G}{J}$. H. Romanovicz empfiehlt die Tränkung mit Paraffin vor der Ermittlung des Rauminhalts, die sich dann sehr einfach gestaltet.

Andere Verfahren zur Bestimmung des Rauminhalts (Raumgewichts) sind jene der Verdrängung von Quecksilber (Vorsicht wegen Giftigkeit!) oder durch Einlegen wassergesättigter Prüfkörper (etwa 250 ccm) in Wasser (Ablesegenauigkeit des Gefäßes nicht unter 0,25 ccm) oder in Erdöl. Vgl. darüber auch S. 33. Bei Schottern und Sanden verwendet man häufig genügend große geeichte Gefäße. in welche man das Prüfgut einrüttelt; die Menge Wassers, die man aus geeichten Gefäßen zuschütten muß, um die Zwischenräume zwischen den Feststoffen auszufüllen, wird vom Eichinhalt des Gefäßes abgezogen (S. 34); Schuloff rät, das Wasser von unten her in das Meßgefäß eintreten zu lassen; in feinkörnigen Bergarten bleiben dann weniger Luftblasen zurück. Stiny empfiehlt aus dem gleichen Grunde Wasser zu verwenden, welches um mindestens 10 bis 20^{0} C wärmer ist als die Luft im Untersuchungsraume.

DIN 2102 bestimmt das Raumgewicht unregelmäßig geformter Probestücke wie folgt: Die Probestücke (nicht unter 50 ccm Inhalt) werden bei etwa 100^{0} C bis zur Gewichtsgleichheit getrocknet und an der Luft gewogen (G_{tr}). Hierauf lagert man (nach DIN 2103, siehe S. 48) die Probestücke unter Wasser und wiegt die wassergesättigten Proben an der Luft (G_s) und im Wasser (G_{si}); daraus berechnet sich $R = \dfrac{G_{tr}}{G_s - G_{si}}$ in g/ccm (auf $^1/_{1000}$ abgerundet).

Die Tauchwage (hydrostatische Wage) hat auch sonst seit Oswald Meyer sich viele Freunde erworben (Fill, Liebscher u. a.); man kann mit ihr in folgender Weise verfahren: Man trocknet die Prüfstücke im Trockenschrank bei etwas über 100^{0} C, läßt sie im Exsikkator auskühlen und bestimmt dann das Trockengewicht (G). Sodann taucht man sie in Paraffin und ermittelt ihr Gewicht samt Paraffinhaut ($G + G_p$). Nun wiegt man unter Wasser (P_1). Nennt man V den Rauminhalt des Gesteins und V_p jenen des Paraffins, so erhält man das Raumgewicht R des Gesteins aus den Formeln:

$$P_1 = G + G_p - V - V_p; \quad V = G + G_p - V_p - P_1; \quad R = \frac{G}{V}.$$

Dem Raumgewicht der Felsart stellt man häufig die Dichte der reinen Gesteinmasse gegenüber, d. h. das Gewicht der Raumeinheit der lückenlosen Felsmasse unter Ausschluß der Hohlräume (spezifisches Gewicht, Stoffdichte). Bei „lückenlos" gefügten Felsarten fallen Raumgewicht und Stoffdichte zusammen, bei lückigen, von Hohlräumen erfüllten dagegen sinkt das Raumgewicht um so mehr unter der Betrag der Dichte der Gesteinmasse herab, je größer die Hohlraumsumme der Felsart ist.

Die Stoffdichte wird am besten an Pulvern mit Hilfe des bekannten Wägegläschens (Pyknometers) ermittelt. Bedeutet G das Gewicht des Pulvers an der Luft, G_w das Gewicht der Wasserfüllung des Pyknometers, G_{w+p} das Gewicht der Pyknometerfüllung, aus Pulver und Wasser bestehend, so errechnet sich die Stoffdichte D mit

$$D = \frac{G}{G_w + G - G_{w+p}} \cdot$$

Für den Versuch werden 20 bis 25 g des zu untersuchenden Gesteins verwendet, bei grobkörnigen Bergarten unter Umständen auch mehr; bei feinkörnigen Gesteinen genügen kleinere Mengen.

DIN 2102 empfiehlt 30 g Pulver zu verwenden; dieses darf auf dem 900-Maschen-Sieb (Prüfsiebgewebe Nr. 30 DIN 1171) keinen Rückstand hinterlassen und muß bei etwa 100° C getrocknet werden. Empfohlen wird der Raummesser von Erdmenger-Mann (50 ccm Inhalt) Bezugswärme 20° C. Mittelwert aus 2 bis 3 Einzelversuchen in g/ccm auf $^1/_{1000}$ abgerundet. Gewichtsermittlungsfehler < 1 v. T. (1 auf Tausend).

Der Raummesser von Erdmenger-Mann (Abb. 32) besteht aus einem Kölbchen, in das man die genau gewogene Gesteinprobe einfüllt. Aus einem zweiten Kölbchen, welches Benzol von genau bekanntem Inhalt (50 ccm) faßt, wird das erste Kölbchen bis zum Merkstriche (50 ccm) mit Benzol gefüllt; durch sanftes Klopfen und Schütteln des Kölbchens treibt man aus dem Pulver sämtliche Luftbläschen aus; steht das Benzol hierauf unter dem Striche, so muß bis zum Merkzeichen nachgefüllt werden. Nun liest man an der Teilung des Halses des Füllkölbchens die Menge des Benzols ab, welche zurückgeblieben

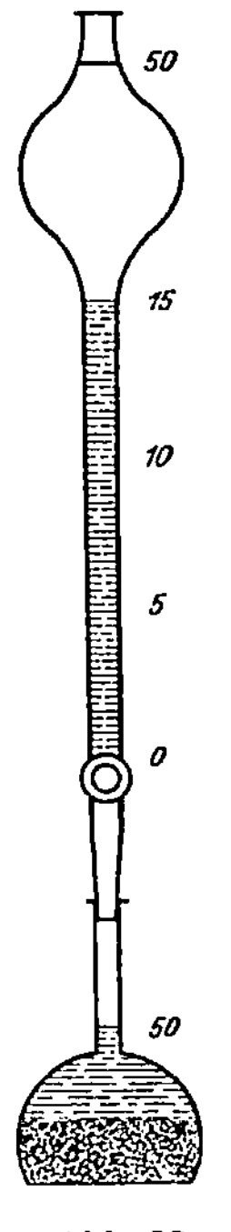

Abb. 32.
Raummesser
von
Erdmenger-
Mann.

ist; sie ist gleich dem Rauminhalte des im unteren Kölbchen befindlichen Gesteinpulvers.

Aus dem Raumgewichte (R) und dem Stoffgewichte (D) kann man ohneweiters den **Dichtigkeitsgrad des Gesteins** (d) errechnen; $d = \dfrac{R}{D}$. Er gibt den Rauminhalt der festen Masse in der Raumeinheit an. Zieht man den Wert des Dichtigkeitsgrades von 1 ab, so erhält man den **Undichtigkeitsgrad** (U) oder die **wahre Lückigkeit** einer Felsart ($U = 1 - d$). Sie spielt bei der Beurteilung der Frostbeständigkeit eine Rolle und macht unter Umständen die Bestimmung der Wasseraufnahme entbehrlich.

Übersicht der Raumgewichte einiger wichtiger Straßenbaugesteine (nach Becke, Burre usw.).

Granit	2,60 bis 2,73		Diabas	2,77 bis 2,91
Syenit	2,80 „ 3,06		Basalt	2,83 „ 3,14
Diorit	2,65 „ 2,80		Serpentin	2,50 „ 2,60
Quarzporphyr	2,40 „ 2,77		Grauwacke	2,55 „ 2,83
Trachyt	2,10 „ 2,50		Kalkstein	2,50 „ 2,70
Phonolith	2,20 „ 2,60		Dolomit	2,70 „ 2,85
Quarzitschiefer	2,50 „ 2,60		Bausand	1,30 „ 2,00
Kieselsandstein	2,40 „ 2,58		Kies, Schotter	1,50 „ 2,00

12. Chemische Zusammensetzung.

Auf die Durchführung einer chemischen Vollanalyse legt besonders Niggli Wert. Die Wissenschaft muß sie fordern; für viele Verwendungszwecke kann man aber auf sie verzichten, wenn Sparsamkeit nötig ist.

Die Auslegung der Analysenergebnisse erheischt Vorsicht; auf chemischem Wege festgestellte schädliche Stoffe können ganz harmlos sein, wenn die mikroskopische Betrachtung aufzeigt, daß wetterfeste, rissefreie Mineralien sie ringsum lückenlos umschließen. Es muß also neben der Art der schädlichen Stoffe auch die **Form** ihres Auftretens und ihre **Verteilung** in der Gesteinmasse berücksichtigt werden.

In **Felsgesteinen** schaden vor allem die Kiese (Verbindungen von Metallen mit Schwefel) durch Entbinden von Schwefelsäure, wenn sie mit Wasser und Sauerstoff zusammenkommen (Schwefelkies, Wasserkies, Magnetkies, Kupferkies).

Man erkennt sie oft schon m. f. Au., sonst unter der Lupe oder u. d. M.; legt man einen Gesteinsplitter in $^1/_{10}$ Salzsäure, dann entwickelt sich Schwefelwasserstoff (Bräunung oder Schwärzung eines Papierstreifens, den man in eine Lösung von essigsaurem Blei getaucht hat; Geruch!).

. In Lockermassen wünscht man das Vorhandensein von Kiesen gleichfalls nicht; Nachweis wie oben. Außerdem sind u. a. unerwünscht: tonige Verunreinigungen und humose Stoffe.

Die Menge von Staub- und Tonteilchen, welche in Zuschlagstoffen noch geduldet werden kann, ist verschieden, je nach der Verteilung dieser Verunreinigungen; sie schaden weniger, wenn sie getrennt von den Körnern in deren Zwischenräumen liegen, beeinträchtigen jedoch die Haftfestigkeit eines Bindemittels sehr, wenn sie sich an die Oberfläche der Körner anlegen und die Berührungsflächen zwischen Bindemittel und Gestein verkleinern. Man stellt daher nur eine reine Faustregel auf, wenn man sagt, die Gewichtsmenge der tonigen Verunreinigungen solle 2 oder 3 v. H. nicht überschreiten; zweckmäßiger ist die Herstellung und Untersuchung von Probekörpern aus dem betreffenden Zuschlagstoff. Einen raschen, vorläufigen Überblick über die Anwesenheit von Tonteilchen verschafft man sich durch Einfüllen einer Probe des Sandes in ein einigermaßen hohes Glasgefäß; man schüttelt kräftig und beobachtet das Ausmaß der Trübung durch Schwebstoffe, nach dem sich die Sandteilchen zu Boden gesetzt haben.

Humose Stoffe stellt man mit Hilfe der Lupe oder durch Aufschlämmen (Stöcke) in $^1/_5$ l Natronlauge ($^3/_{100}$) fest; man füllt etwa 150 ccm Zuschlag in das Meßglas und beobachtet die Färbung der Flüssigkeit nach 24 Stunden.

Gut brauchbare Zuschläge verursachen keine od. schwachgelbe Färbung.
Brauchbare Zuschläge verursachen sattgelbe Färbung.
Kaum brauchbare Zuschläge verursachen rötlichgelbe Färbung.
Unbrauchbare Zuschläge verursachen braunrote Färbung.

13. Verhalten gegen die Wärme.

Ziffermäßige Angaben über die Wärmeleitfähigkeit und die Erwärmbarkeit findet man in den meisten Lehrbüchern über technische Gesteinkunde (z. B. J. Stiny, 1929). Wichtiger für den Straßenbauer ist die Ausdehnung der Mineralien und Gesteine bei der Erhitzung. Sie beträgt beispielsweise:

Ausdehnungsziffer nach K. Schulz (1914).

Mineral bzw. Gestein	Linige Ausdehnung		Räumliche Ausdehnung
Orthoklas	—		0,000 017 bis 0,000 024
Quarz	Gleichlaufend zur Hauptachse Senkrecht „ „	0,000 007 81 0,000 014 2	0,000 038 bis 0,000 042
Hornblende	0,000 008 12 0,000 000 843 0,000 009 53		0,000 028
Kalkspat	Gleichlaufend zur Hauptachse Senkrecht „ „	0,000 026 2 0,000 005 4	—
Kalkstein	—		0,000 008 1
Marmor	—		0,000 003 5
Granit	—		0,000 008 1

Die Zerstörung der Gesteine durch wiederholte Erwärmung
und Abkühlung wird hauptsächlich dadurch hervorgerufen, daß die einzelnen Mineralien, sofern sie nicht der tesseralen Kristallgruppe an-
gehören, nach verschiedenen Richtungen des Raumes ungleiche
Wärmeausdehnungsziffern haben; sie verhalten sich beispielsweise
beim Kalkspat wie 9 : 44 oder annähernd wie 1 : 5. In Gesteinen,
welche aus mehreren Mineralien aufgebaut werden, wirkt sich außerdem noch die Verschiedenheit der Ausdehnungsziffern ungleicher Mineralien aus; hier erreichen die Unterschiede in der linigen Ausdehnung
rund das Dreißigfache. Es entstehen mithin bei der Erwärmung
in den Festgesteinen sehr beträchtliche Spannungen von meist ganz
regelloser Verteilung; ihre Wiederholung schwächt die Festigkeit der
Kornbindung, ihre Auslösung lockert den Verband, hebt ihn örtlich
auf und macht das Gestein weniger widerstandsfähig gegen äußere
Einflüsse mannigfacher Art. Gerichtete Tracht ordnet auch die
Wärmespannungen in bevorzugte Richtungen ein.

Die Schädigung der Gesteinfestigkeit durch natürliche
Wärmeänderungen fällt in den Rahmen der gewöhnlichen Ver-
witterungskunde (siehe Abschn. 14); an dieser Stelle soll nur die
Einwirkung einer künstlichen Erwärmung der im Bauwesen verwendeten Bergarten kurz erörtert werden.

Zur Erprobung der Feuerbeständigkeit setzt man Gesteinwürfel
hohen Hitzegraden aus und löscht sie dann rasch ab; Gesteinproben,
welche dabei ihren Zusammenhang bewahren, können als hitzebe-
ständig gelten. Endell, Mautner und Grün-Beckmann zeigten,

daß saure (quarzreiche) Gesteine der Hitze schlechter widerstehen als basische; Stöckes Versuche (1928) ergaben, daß gesunde, technisch vollwertige, nicht zerhackte Hartgesteine Wärmegraden bis 500⁰ widerstehen, ohne an Festigkeit einzubüßen. Splitt erträgt wegen seiner größeren Rissefreiheit höhere Wärmegrade als Schotter.

Das Verhalten der Gesteine gegen Hitze kommt bei Straßenbaustoffen nicht selten in Frage; so z. B. bei der Herstellung von Teer- und Asphaltbeton; hier wird das zerkleinerte Gestein unvermittelt mit heißen Bindemitteln (um 180⁰ bis 200⁰ C) zusammengebracht. Ist diese Verwendungsart geplant, dann sind die betreffenden Bergarten auch darauf zu untersuchen, ob sie rasche Erhitzung bis auf etwa 200⁰ schadlos vertragen können; man erhitzt fünf bis sechs gewogene Probestücke des Schotters (Splitt usw.) im Trockenschrank so rasch als möglich auf etwa 200⁰ C und kühlt sie dann durch Abstellen der Wärmequelle und Öffnen des Schrankes rasch ab. Nach jeder Erhitzung und Abkühlung beobachtet man etwa auftretende Risse, Absanden, Abbröckeln usw.; schließlich wird durch Abwiegen festgestellt, ob durch die Erprobung ein Gewichtsverlust stattgefunden hat und in welchem Ausmaße. Man kann die Probe durch Abschrecken des erhitzten Schotters mit kaltem Wasser verschärfen. Die Erhitzungsprüfung ist durch die Mitteilungen Stöckes nicht überflüssig geworden; sie zeigt kleine Schädigungen auf, welche der Schotter (Splitt) bei der Erzeugung erlitten hat; sie deuten meist auf eine gewisse Sprödigkeit des Gesteins oder auf Wirkungen des Gebirgsdruckes hin. Bei rascher Abkühlung nach Erhitzung auf 200⁰ C hat Stöcke übrigens auch bei Schotterstücken von dichtem Basalt, feinkörnigem, klüftigem Diabas, feinkristallinem Quarzporphyr usw. merkbare Absplitterungen erhalten.

Zuweilen zeigt die Hitzeprobe auch die Sonnenbrennernatur eines Vorkommens auf.

14. Beständigkeit gegen Frost und Witterung (Wetterbeständigkeit).

Die Wetterbeständigkeit einer Gebirgsart ist ihre Widerständigkeit gegen Verwitterung jeder Art.

Sie wird außer durch den Verband, das Gefüge usw. auch von dem mineralischen Aufbau der Bergarten sehr beeinflußt; so vermag Schwefelkies selbst recht feste Gesteine rasch und tiefgreifend zu zerstören, wenn er im Gestein so eingelagert ist, daß feuchte

Luft ihn erreichen kann; Kaolin und Zersetzungston, die sich in verwitternden Feldspäten bilden, fördern die weitere Zerstörung des Gesteins sehr.

Innige Wechselbeziehungen verknüpfen Wassergehalt des Gesteins und Verwitterbarkeit. Bedingen Hellglimmer, Dunkelglimmer, Talk oder Chlorit den Gehalt einer Bergart an gebundenem Wasser, so ist die Wetterbeständigkeit im allgemeinen noch nicht gefährdet; es wäre denn, daß diese schüppchenartig ausgebildeten Mineralien das Gestein so reichlich durchsetzen, daß ihre Spaltfugen das Vordringen des Verwitterungsvorganges wesentlich beschleunigen. Binden jedoch Folgemineralien (die sich durch Oberflächenverwitterung aus früher vorhanden gewesenen Mineralien neu gebildet haben) das Wasser, dann weist dies auf Unfrische des Gesteins hin; solche „warnende" Mineralien sind u. a. Kaolin, Kaolinit, Nakrit, Pholerit, Allophan, Hydrargillit, die sog. „Siedesteine" (Zeolithe) u. a. m.

Wichtig für den Straßenbau ist die Widerständigkeit einer Bergart gegen Wärmeschwankungen (vgl. Abschn. 13). Während der Mittagstunden erhitzen die sengenden Sonnenstrahlen das Gestein, namentlich wenn es dunkel gefärbt ist, bis auf 60⁰ oder 70⁰ C; ziehen dann Wärmegewitter auf, so kühlen seine Regenschauer die Bergart ganz plötzlich bis auf 15⁰ und noch weniger ab. Ja, Hagelschloßen können rasche Abkühlungen bis an den Frostpunkt heran verursachen. Besonders wärmeempfindlich sind die sog. „Sonnenbrenner"; der Sonnenbrand tritt meist an Basalten, aber auch an anderen grauen bis dunklen Gesteinarten auf; so z. B. an Phonolith, Melaphyr, Monchiquit usw.

Die Sonnenbrenner zerfallen binnen kurzer Zeit in rundliche, oft knorpelige Stückchen von Hirsekorn — bis etwa Haselnußgröße; vor dem Zerfalle zeigen sich auf der Oberfläche des Gesteins weißliche Flecken oder Sprenkel. Draußen im Bruch sind Sonnenbrenner von guten Basalten m. f. Au. vielfach gar nicht zu unterscheiden; man muß daher nach anderen Erkennungsmöglichkeiten suchen.

Steuer hat behauptet, daß Basalte mit mehr als 46 v. H. Kieselsäure niemals Sonnenbrand erleiden, dagegen Basalte mit weniger Kieselsäure recht häufig. Glasreiche und nephelinreiche Basalte neigen sehr zum graupeligen Zerfalle; die Sonnenhitze entzieht dem Gesteinglase und dem „Nephelinglase" (Berg, Leppla, Stiny) Wasser und erzeugt so Spannungen in den glasigen Massen; das „Glas" zerspringt nach feinen Rissen; diese öffnen weiteren Verwitterungserscheinungen Tür und Tor.

Die Sonnenbrennereigenschaft von Gesteinen stellt man meist auf chemischem Wege fest; Anhaltspunkte geben auch die Rissebildungen, die man u. d. M. beobachten kann.

Man kocht Gesteinsplitter zuerst 10 Minuten lang in hochgradiger Salzsäure und sodann in $^5/_{100}$ Sodalösung; Sonnenbrenner verraten sich in aller Regel durch das Auftreten heller Flecken und weißer Strichelchen; die Probe ist nicht immer vollständig verläßlich.

Nach den Untersuchungen von K. Holler (1930) kann man die Sonnenbrenner auch schon bei Betrachtung von Dünnschliffen frischen Gesteins u. d. M. erkennen. Es zeigen sich schlierige Ansammlungen hellfarbiger Grundmasse und dünne Schnüre von weißlicher, glasartiger Masse, deren Lichtbrechung niedriger ist als jene des Kanadabalsams; diese Stellen erscheinen nach dem Eintritte des Sonnenbrandes trübe und zersetzt; außerdem zerreißt längs ihnen mit Vorliebe das Gestein. Holler sieht die Restglasmasse der Sonnenbrenner als siedesteinähnliche Stoffe (Zeolithe; Spreustein) an. Ein weiteres Unterscheidungsmerkmal ist nach Holler (1930) die Entwässerungslinie. Sie verläuft bei Sonnenbrennern annähernd stetig, bei guten Basalten unstetig; die deutlichen Knicke deuten eine stufenweise Wasserabgabe an (Abb. 33).

Ein anderes Verfahren zur Erkennung von Sonnenbrennern ist folgendes: Man mischt Basaltmehl und Zinkstaub zu gleichen Teilen und setzt Salzsäure hinzu. Bei Sonnenbrennern färbt sich die Lösung je nach der stärkeren oder schwächeren Ausbildung des Sonnenbrenners veil, während gesunde Basalte sich nicht veil

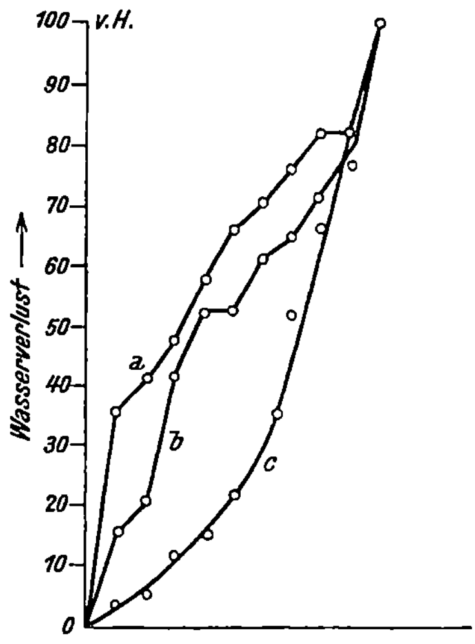

Abb. 33. Die Entwässerungslinie eines Sonnenbrenners verläuft annähernd stetig (*c*); gute Basalte geben stufenweise Wasser ab (*a*, *b*). Nach K. Holler.

färben. Versetzt man die geseihten Lösungen mit Ammoniak, dann geben die hellen Lösungen guter Basalte einen weißen, jene veilen von Sonnenbrennern dagegen grüne Niederschläge.

Man könnte außerdem eine Widerstandsfähigkeit gegen Frost (Frosthärte, Frostbeständigkeit), gegen chemische Zersetzung (Auslaugung, Lösung; Lösungsfestigkeit) und gegen Besiedlung durch Lebewesen usw. unterscheiden; meist spricht man aber nur von einer Wetterbeständigkeit im allgemeinen; in der Natur wirken meist alle drei Unterarten der Verwitterung mehr oder minder gemeinsam.

Frosthärteprüfung.

DIN 2104 beurteilt die Frostbeständigkeit nach der Wasseraufnahme a) bei gewöhnlichem Luftdruck b) unter Pressung (Sättigungsziffer; siehe S. 49) und c) nach dem Verhalten beim Frostversuch mit wassergetränkten Proben.

Bei letzterem setzt man die nach DIN DVM 2103 wassergetränkten Proben 25mal abwechselnd dem Froste aus und taut sie wieder in Wasser auf. Als Probestücke werden 3 bis 5 Würfel oder 10 Schotter (nicht kleiner als 50 ccm) verwendet; man reinigt und bürstet sie vor dem Versuch gut. Der Frostraum darf nicht zu klein sein; der Wärmeabfall in ihm ist so zu regeln, daß die Wärme allmählich (in etwa 4 Stunden) auf mindestens — 15⁰ C fällt; dieser Kältegrad muß 2 Stunden lang gehalten werden. Nach jeder Frostbeanspruchung bringt man die Proben in die gleichen, mit überdampftem Wasser von etwa 15⁰ C gefüllten Porzellanschalen (Glasgefäße) und beläßt sie hier mindestens 2 Stunden. Sodann stellt man allfällige Zerstörungserscheinungen fest und wiegt die Proben. Am Ende des Versuches dampft man das zum Auftauen benützte Wasser ab und bestimmt das Gewicht der ab- und ausgelösten Teile. Man gibt an:

1. das Gewicht der nach DIN 2102 (Raumgewicht, a) getrockneten Proben;

2. das Gewicht der nach DIN 2103 I a wassergetränkten Proben vor dem Frostversuch;

3. das Gewicht der nach DIN 2103 I a wassergetränkten Proben nach dem Frostversuch;

4. das Gewicht der ab- und ausgelösten Teile, bezogen auf das Trockengewicht;

5. den Befund an den Proben nach dem Frostversuch.

Zum Schlusse ermittelt man noch die Druckfestigkeit im nassen Zustande. Die Frostprüfung kann entfallen, wenn das Gestein weniger als 0,5 v. H. Wasser aufnimmt (aufs Trockengewicht berechnet).

Gegen die österr. Norm, welche Abkühlung bis 22⁰ C vorschreibt, hat Fillunger (1930) beachtenswerte Einwände erhoben. Da der Frostprobe viele Mängel anhaften, ersetzt man sie (Abb. 34, 35) oft durch Beobachtung des Verhaltens des Gesteins in der Natur (Schutthalden, Felswände, Steinbrüche) und an Bauwerken (Brückenpfeilern, Stützmauern, Grabsteinen u. dgl.), ferner durch Schlüsse aus dem Wasseraufnahmevermögen, aus der mikroskopischen Prüfung und aus dem Gefüge der Bergart. Gesteine mit zahlreichen kleinen Lücken scheinen besonders frostgefährdet zu sein, ebenso tonhaltige usw.

Die Sättigungsziffer gibt ein annäherndes Maß für die Frostbeständigkeit einer Felsart. Da nämlich der Frost die Wände der Hohlräume nur dann zerstört, wenn das gefrierende Wasser keinen Platz zur Ausdehnung vorfindet, so wird das Zerfrieren rechnungsmäßig im allgemeinen nur bei solchen Gesteinen auftreten, deren Sättigungsziffer den Wert von 0,90 überschreitet.

Abb. 34. Leicht verwitternde Gesteine verlieren rasch ihre scharfen Kanten; auch die Ecken runden sich ab. Basalttuff in einer Böschungsmauer; Orvieto, Via Postierla. Eigenaufnahme 1930.

In Wirklichkeit liegt nach Hirschwald der obere Grenzwert der Sättigungsziffer für frostbeständige Gesteine wesentlich tiefer, etwa bei 0,80 im Durchschnitte und sinkt bei einer regelmäßigen Anordnung der Gesteinlücken in gleichgerichteten Lagen, bei Erweichungsfähigkeit des Gesteinbindemittels in Wasser usw. sogar bis auf 0,7 herab.

Wie weit hinsichtlich der Frostprüfung die Meinungen derzeit noch auseinandergehen, zeigen übrigens die Veröffentlichungen von C. Schneider, A. M. Schmölzer, Spaček (1931) und Honigmann (1932). Maddalena (1929) hat gezeigt, daß die Tetmayersche

Art der Beurteilung der Frostbeständigkeit eines Gesteins für die Sandsteine des Apennin nicht zutreffe; hier besteht keine Beziehung zwischen Frosthärte und Druckfestigkeitsunterschied im wassersatten und trockenen Zustande.

Die erforderliche Frostdauer bei der Frostprobe behandeln Versuche von E. Erlinger und H. Kostron (1933); darnach scheint die Frostdauer in den bisherigen Normenblättern zu knapp bemessen zu sein. Eine weitere Veröffentlichung derselben Verfasser (1933) erörtert den Einfluß der Gefrieranlage auf die Abkühlungsverhältnisse bei der Frostprobe.

Abgekürzte Wetterfestigkeitsprüfungen haben Seipp (1905) und Leduc (1909) vorgeschlagen.

Die Ergebnisse der Frostprüfung hängen von den Versuchsbedingungen mehr oder minder stark ab. Die wichtigsten derselben sind: die Größe und Form der Probekörper, die Größe und Form des Gefrierraumes, die spezifische Wärme des Versuchskörpers und sein Wärmegrad, die Dauer der Frosteinwirkung, der Feuchtigkeitsgehalt des Versuchskörpers, der Feuchtigkeitsgehalt der Luft im Gefrierraum, das Wärmefassungsvermögen (Kapazität), die spezifische Wärme und Bewegung der Kühlflüssigkeit, die zeitliche und örtliche Wärmeverteilung im Gefrierraum und im Versuchskörper, die Raschheit der Abkühlung des Versuchskörpers, die Vorgänge beim Auftauen der Versuchskörper usw. In der Natur saugt das frierende Gestein oft Wasser durch Haarröhrchenwirkung oder reinen Zug nach; dies erklärt vielleicht manche Nichtübereinstimmung zwischen Versuch und Naturbeobachtung und manches anscheinend widerspruchsvolle Verhalten von Bergarten in Bauwerken.

Abb. 35. Die Trümmer wetterfester Gesteine behalten Jahrhunderte lang ihre scharfen Kanten und spitzen Ecken. Dioritbruch von Widys Söhne in Gebharts bei Schrems, N. Ö.

Weitere Bemerkungen über die Wetterbeständigkeit.

Eine der ersten Vorbedingungen für die Wetterbeständigkeit eines Gesteins ist seine „Frische"; die Mineralien, welche sein

Stützgerüst bilden, müssen unversehrt sein und dürfen keine vorgeschrittenen schädlichen Umwandlungsvorgänge zeigen; den Angelpunkt der Feststellungen bildet meist die Beschaffenheit der Feldspäte; wichtige Hilfsdienste leisten dabei Ritzhärteprüfung (S. 85) und Mikroskop.

Die Wetterbeständigkeit straßenbaulich wichtiger Mineralien beleuchten nachstehende Faustregeln:

1. Sehr wetterfest sind:

Quarz (in kohlensauren Alkalien etwas löslich).

Hellglimmer (Muskovit) und Seidenglimmer (Serizit); verlieren im Laufe der Zeit meist nur oberflächlich ihren Alkaliengehalt; Umwandlung in SiO_2 erfordert sehr lange Zeiträume.

Turmalin: sehr widerständig, ebenso Graphit, Cordierit, Andalusit.

Dunkelglimmer (Biotit) im völlig frischen Zustande; Epidot, Talk, Grünglimmer (Chlorit) und Granat werden bei Einwirkung von Schwefelsäure (Kiese!) langsam zersetzt.

2. Wetterfest, aber z. B. von alkalischen und kohlensäurehaltigen Lösungen angreifbar:

Apatit (gegen Schwefelsäure empfindlich).

Augite: wenig angreifbar.

Hornblenden: wegen ihrer weitgehenderen Spaltbarkeit meist leichter zersetzbar als die entsprechenden Abarten der Augite.

Feldspäte: die kalkreichen Plagioklase (Labradorit, Bytownit, Anorthit) erliegen den Zersetzungsmitteln (Schwefelsäure usw.) etwas leichter als die Alkalifeldspäte und kalkarmen Plagioklase (Orthoklas, Mikroklin, Albit, Oligoklas).

Serpentin: gegen kohlensäurehaltige Wässer nicht widerständig; sonst ziemlich wetterfest.

3. Als mäßig wetterbeständig gelten:

Dunkelglimmer im unfrischen, aufgeblätterten Zustande; die ursprünglich glänzend schwarze Farbe ist dann bereits einer braunroten bis goldigen gewichen.

Feldspatvertreter (Leucit, Nephelin, Sodalith, Hauyn); besonders gegen Schwefelsäure empfindlich (bildet sich z. B. aus Kiesen).

Feldspäte mit glanzlosen, matten Spaltflächen.

Basische Gesteingläser; wirken z. B. am Sonnenbrande mit.

Kalkspat und Dolomit (kohlensäurehältiges Wasser laugt sie an!).

Olivin; bricht gerne aus, wenn er in Nestern oder gar in Knollen (Olivinknollen) auftritt.

4. Nicht wetterbeständig sind:

Stärker angewitterte Feldspäte (erdige Bruchflächen), Eisenkies, Magnetkies, Wasserkies, Siedesteine (Zeolithe), Kaolinmineralien, Gips, Anhydrit usw.

D. Festigkeitsuntersuchungen.

Vorbemerkungen über Gesteinfestigkeit im allgemeinen.

Über die notwendigen Einzeluntersuchungen entscheidet der Verwendungszweck eines Bausteines; darnach kann entweder die Untersuchung der Druckfestigkeit des Gesteins im Vordergrunde stehen, wie z. B. bei Gesteinen für die Packlage, für Gewölbe, hohe Stützmauern, Bogenbrücken mit verlorenen Widerlagern usw.; in der Regel wird man aber Gesteine für Fahrbahndecken auf Widerstandsfähigkeit gegen dynamische Beanspruchungen (Schlag, Stoß, Dauerfestigkeit) prüfen. Man begnüge sich in den Prüfungszeugnissen nicht mit den Mittelwerten der Versuchsergebnisse, sondern verlange auch die Mitteilung der Einzelwerte, namentlich der Höchst- und Mindestwerte; stellen letztere in vielen Fällen auch nur Zufallswerte (sog. „Ausreißer") dar, so bieten sie anderseits doch sehr häufig wertvolle Anhaltspunkte für die Beurteilung der Gleichmäßigkeit der Gesteinausbildung (Vorkommen von Schnitten und Haarrissen), machen unter Umständen auf das Vorhandensein minderwertigerer und besserer Gesteinabarten im Steinbruch aufmerksam und veranlassen so die Ausführung weiterer, die Gesteinkenntnis und sachgemäße Verwertung des Gesteins fördernder, planmäßiger Festigkeitsuntersuchungen.

Die Festigkeitsuntersuchungen ergeben bei den natürlichen Bausteinen nur gute, brauchbare Anhaltspunkte, aber keine wissenschaftlich völlig einwandfreien, rein herauszuschälenden, unbedingten Ergebnisse. Es ist gut, sich dies vor Augen zu halten, weil es vor einer ungerechtfertigten Überschätzung der Festigkeitsprüfungen bewahrt.

Der Grund für die Begrenzung der erreichbaren Genauigkeit und Verläßlichkeit liegt in der Ungleichteiligkeit der Felsarten. Die „molekulare" Festigkeit im Sinne von Smekal ist vielmals größer als die „Stoffestigkeit", d. h. die Festigkeit des risselos gedachten Gesteinstoffes. Die Stoffestigkeit ist nun wiederum weit größer als die „Verwertungsfestigkeit" (Verwendungsfestigkeit, Ausbildungsfestigkeit) der Gesteine; die Gesteinkörper sind ja von zahlreichen Rissen und Klüften durchzogen, welche die Festigkeit um so mehr herabsetzen, je engständiger sie sind und je vollständiger sie den Zusammenhang des Gesteinstoffes aufheben. So erklären sich zwanglos die hohen Festigkeitswerte kleiner Probekörper und die niedrigen Prüfungsziffern großer Probekörper aus dem gleichen Gestein; für die „Gesteinprüfung" ist der von den Kluftscharen begrenzte Teilkörper der Gesteinmasse, der sog. „Grundkörper" die Einheit (S. 36); Blöcke, die aus mehreren solchen Teilstücken bestehen, stellen schon einen zusammengesetzten Körper, einen Körper höherer Ordnung mit ganz anderen Festigkeitsverhältnissen dar.

Greger (1930) warnt davor, das Gestein „bergfrisch" auf seine Festigkeit zu prüfen; man erhält zu niedrige Werte; er empfiehlt, nur Stücke zu prüfen, welche mindestens 3 Monate alt sind; bis dahin sollen sich die Spannungen ausgeglichen haben, unter derem Einflusse das bergfrische Gestein noch steht. Greger meint, daß eine 14tägige Wasserlagerung der Prüfstücke die dreimonatige Trockenlagerung ersetzen kann. In der Straße werden jedoch die Gesteine sehr oft im nassen Zustande beansprucht (Regen, aufsteigende Grundfeuchtigkeit!).

Jedes Prüfverfahren unterliegt Fehlerquellen. Der zu erwartende mittlere Fehler (m) einer Prüfung beträgt $m = \pm \sqrt{\dfrac{\varSigma\, a^2}{n-1}}$, wobei $\varSigma a^2$ die Summe der Quadrate aller Abweichungen der Einzelergebnisse vom arithmetischen Mittel und n die Anzahl der Einzelwerte bedeutet. Der mittlere Fehler gibt einen Maßstab für die Genauigkeit des Prüfverfahrens ab. Prüft man verschiedene Proben desselben Vorkommens, so ergibt sich auf ähnliche Weise die mittlere Abweichung M der Werte vom arithmetischen Mittel zu $M = \pm \sqrt{\dfrac{\varSigma\, a^2}{n-1}}$. Die mittlere Ungleichmäßigkeit errechnet sich daraus mit $m_u = \pm \sqrt{M^2 - m^2}$. Genaueres teilt hierüber insbesondere H. Hoeffgen (1929) mit.

Wird die Festigkeit eines Gesteins überwunden, so tritt Bruch ein. Der Form nach unterscheidet man den Trennbruch, welchen die Überwindung des Trennwiderstandes (Reißfestigkeit, Zusammenhalt) oder der Querdehnungsfähigkeit herbeiführt, und den Gleitbruch, welcher in den Flächen der größten Schubspannung unter Überwindung der Schubfestigkeit eintritt. Zwischen diesen beiden Bruchformen vermittelt der Verschiebungsbruch; bei ihm tragen Schub- und Normalspannungen in verschiedenem Verhältnis zur Überwindung der Festigkeit bei (Leon). Die Bergarten geben z. B. beim Zugversuch einen Trenn-, beim Druckversuch einen dem Gleitbruche sehr nahestehenden Verschiebungsbruch. Unter allseitigem Druck ertragen die Gesteine bedeutende bleibende Formänderungen.

15. Druckfestigkeit.

Die Druckfestigkeitsprobe hat keine große Bedeutung für den neuzeitlichen Straßenbauer mehr. Als Probekörper verwendet man Würfel oder Walzen (Zylinder).

Die Würfel („Würfelfestigkeit") sägt man mittels der Steinsäge aus einem unbehauenen Block (DIN 2105) oder Bruchstück heraus und schleift sie dann eben an. Kostron (1933) macht darauf aufmerksam, daß Unterschiede im „Schneiden" ungleich starke Zerstörungen des Gesteins hervorrufen können; die Festigkeitsergebnisse sind dann verschieden je nach dem verwendeten Werkzeug (Gattersäge, Kreissäge); man sollte daher die Probewürfel in einheitlicher Weise herstellen. Beim Zersägen achte man darauf, daß die Bezeichnung der Lagerflächen nicht verlorengeht.

Die Genauigkeit der Druckprobe befriedigt nicht; DIN 2105 empfiehlt daher die Abrundung auf ganze 10 kg/qcm. Es kommen Abweichungen von zugehörigen Mitteln bis zu einem Betrage von 30 und mehr v. H. vor. Hoeffgen (1929) hat den mittleren Fehler bei der Untersuchung von Granit mit $\pm$ 279 kg/qcm erhoben. Auf die „Streuung" der Werte haben u. a. Einfluß: die Art der Herstellung des Versuchskörpers (siehe oben), die Größe und Form des Prüfstücks, die Genauigkeit der Druckpresse und ihrer Anzeige; die Tracht des Prüfkörpers und die Stellung gerichteter Mineralanordnungen zur Richtung der Beanspruchung, die Ebenheit der Druckflächen des Versuchskörpers und der Genauigkeitsgrad ihrer Gleichrichtung, die Auflastungsgeschwindigkeit, die Rissefreiheit und sonstige Gleichmäßigkeit in der Ausbildung des Prüfkörpers usw.

Walzen („Walzenfestigkeit") werden mittels großer Kernbohrer aus dem Gestein herausgebohrt. Die beiden Druckflächen müssen ebenso sorgfältig angearbeitet werden wie bei Würfeln; sie müssen dem Lager gleichgerichtet sein und auf der Mantelfläche der Walze senkrecht stehen. Die Höhe der Walzen kann gleich dem Durchmesser (Schweden) oder gleich $\sqrt{d}$ sein.

Was die Größe der Probekörper anlangt, so richtet sie sich, wenn man die Verwendungsfestigkeit der Felsart erproben will, nach der Verwertung der Gebirgsart; es genügen dann für Druckversuche an Schottergut Kantenlängen (Walzenhöhen) von 25 bis 50 mm; da beim Zerkleinern zu Schotter das Felsstück ohnedies nach den Klüften als Flächen geringsten Widerstandes zerspringt, empfiehlt es sich, die Probewürfel aus solchen Grobschotterstücken und nicht aus unzerkleinertem, etwa feinstichigem Bruchstein herauszuschneiden; man erhält so Werte, die dem Verhalten der Felsart bei ihrer Verwendung näherkommen.

Grobkörnige Gesteine werden selten zu Schotter verwendet; sie verlangen eigentlich größere Kantenlängen; so z. B. Granite mit großen Feldspäten (Speckwurstgranit, „Krammelstein"), Trachyte mit großen Sanidineinsprenglingen, Breschen, Augengneise; verwendet man sie aber als Schotter, so werden die Ergebnisse der Druckprüfung mit der tatsächlichen Bewährung besser übereinstimmen, wenn man kleinere Probekörper, etwa von 3 bis 4 cm Kantenlänge anwendet; der schwankenden mineralischen Zusammensetzung und auch sonst recht verschiedenartigen Beschaffenheit der Probe kann man dadurch gerecht werden, daß man eine weit größere Anzahl von Probestücken prüft; die starke Streuung der Werte wird das ungleiche Verhalten der Schotter in der Fahrbahndecke widerspiegeln; derartige Ergebnisse raten dann für sich schon von der Anwendung so grobkörniger Bergarten ab; denn nichts befördert die Zerstörung der Fahrbahn so sehr wie ihre ungleichmäßige Abnützung.

Bei der Prüfung von Pflastersteinen wird man eine Kantenlänge von etwa 7 bis 10 cm, bei Bruchsteinen für Packlagen usw. noch höhere Ausmaße empfehlen müssen (15 cm und mehr). DIN 2105 schreibt für Schotter Mindestkantenlängen von 4 cm bzw. 6 cm vor (grobkristalline oder ungleichmäßige Gesteine).

Die eidgenössische Prüfstelle untersucht nach de Quervain (1931) Würfel von 7 cm Kantenlänge nach 28tägiger Trocknung; Niggli (1928) wünscht das Mittel von mindestens 5 Versuchen (trocken, wassersatt und wassersatt nach 25maligem Gefrieren).

Bei gleichartigem Gestein umfaßt eine Versuchsreihe mindestens 3, besser aber 5 bis 9 Würfelproben, bei ungleichartigen Felsarten 9 bis 12 Würfelprüfungen. Die Probekörper sind vor der Prüfung bei gelinder Wärme (um 60° C) oder im luftverdünnten Raum zu trocknen (DIN 2105). Der Versuch kann mit jeder beliebigen Prüfmaschine ausgeführt werden, welche den Anforderungen von DIN 1604 genügt.

Schmiert man die Druckflächen nicht mit dicken Ölen, dann hält die Reibung an den Druckflächen das Gestein zusammen und verhindert seine Querdehnung. Schmierung ermöglicht Querdehnung auf der ganzen Höhe des Probekörpers; der Steinwürfel zerspringt nach Flächen, die der Druckrichtung annähernd gleichlaufen; gleichzeitig erfolgt auch der Bruch des Gesteins schon bei einer um rund 50 v. H. geringeren Auflast. Die Druckfestigkeit steigt im allgemeinen mit der Auflastungsgeschwindigkeit; um vergleichbare und für den Bau verwertbare Ergebnisse zu erzielen, muß man bei geringen Auflastungsgeschwindigkeiten prüfen und die Größe der gedrückten Fläche berücksichtigen. Die Spannungssteigerung im Probekörper soll stetig etwa 12 bis 15 kg/qcm sekundlich betragen (DIN 2105).

Gesteine, deren Wasseraufsaugung über 0,5 Gewichtshundertsteln liegt, sollen auch im wassergetränkten Zustande geprüft (vgl. S. 60) und außerdem der Frostprobe unterworfen werden (DIN 2105).

Gesteine mit schiefriger, stark schichtiger, flaseriger oder überhaupt deutlich geregelter Tracht zeigen sehr verschiedene Druckfestigkeit, je nachdem die Druckkräfte gleichgerichtet zur Schieferung bzw. Flaserung oder senkrecht zu ihr wirken; man prüft daher bei solchen Gesteinen die doppelte Anzahl der Probekörper, und zwar die eine Hälfte gleichlaufend zur Schichtung (Regelung) und den Rest senkrecht dazu. DIN 2105 wünscht die Druckfestigkeitsänderungen des Gesteins bei Ausübung des Druckes gleichgerichtet zur Schieferung in Hundertsteln der Druckfestigkeiten bei Prüfung senkrecht zur Lagerfläche anzugeben.

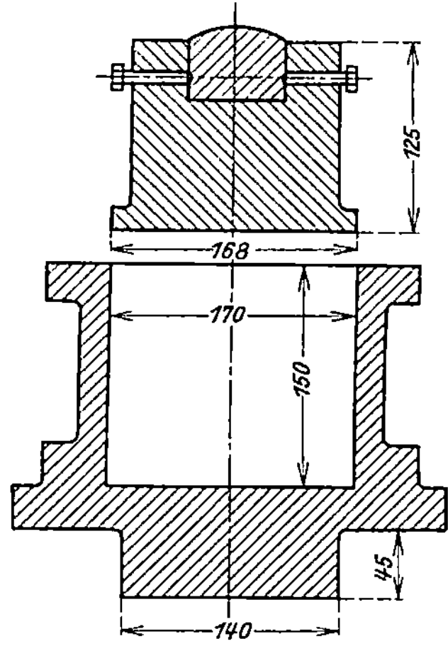

Abb. 36. Stahlgefäß für die Untersuchung von Schottern auf Druckfestigkeit. Stoffprüfungsamt Berlin-Dahlem.

In ähnlicher Weise wie feste Gebirgsarten können auch rollige auf ihre Druckfestigkeit untersucht werden. Das staatliche Stoffprüfungsamt Berlin-Dahlem untersucht 3 kg Schotter von 35 bis 60 mm Korngröße in einem Stahlgefäß von 170 mm Walzendurchmesser und 150 mm Tiefe (Abb. 36). Ein Druckstempel preßt eingerüttelte Schotter mit einer Kraft von 40 t zusammen; der Höchstdruck wird in 1 bis $1^1/_2$ Minuten erreicht. Hierauf wird die Probe gesiebt (5, 10, 15, 20, 35 mm Lochdurchmesser).

Die Gesteinprüfstelle der deutschen Reichsbahngesellschaft in Kassel verwendet gleiche Raummengen Schotter statt der gleichen Gewichtsmengen; sie legt weiters großen Wert darauf, daß die Probe auch der Korngestalt nach eine gute Durchschnittsprobe sei (Gehalt an splittrigen, schaligen oder plattenförmigen Stücken). Die Bewertung des Schottergutes soll nach dem Feinheitsmodul des Prüfgutes vor und nach der Untersuchung erfolgen (Abrams).

D e h n m a ß in kg/qcm, ermittelt aus der federnden Zusammendrückung (nach Burchartz, Saenger und Stöcke).

Basalt......................	562 500	973 000	1 077 800
Diabas	692 300	759 500	789 500
Porphyr	679 200		
Granit	515 800	531 000	592 100	614 300
Sandstein..................	430 600		
Lückiger (schlackiger) Basalt .	334 600		

16. Schub- und Scherfestigkeit.

Gesteine werden selten auf Schubfestigkeit untersucht, obwohl sie der neuzeitliche Verkehr in hohem Maße so beansprucht; nach neueren Anschauungen (Hoeffgen 1929 u. a.) wäre die Bestimmung der Schubfestigkeit von Straßenbaugesteinen sogar viel wichtiger als die Bestimmung der Druckfestigkeit; ihm ist ohneweiters zuzustimmen; ein geeignetes Prüfverfahren wäre erst auszuarbeiten. Gaber (1929) legt einen Balken, der aus dem zu prüfenden Gestein herausgeschnitten wurde, hohl auf und drückt ihn mittels eines Stempels durch, welcher genau zwischen beide Auflager eingepaßt ist.

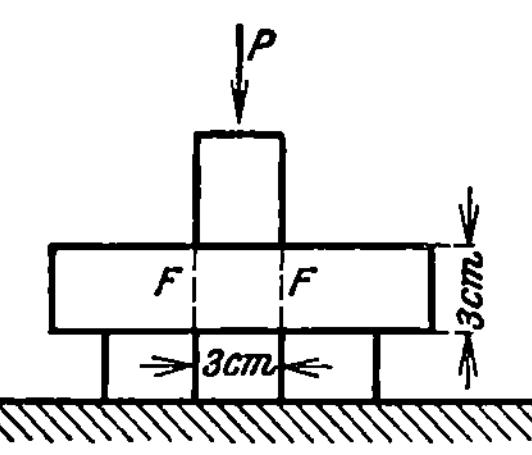

Abb. 37. Prüfgerät für die Untersuchung der Schubfestigkeit von Gesteinen; es kann in jede größere Druckpresse eingesetzt werden.

$$\tau = \frac{P}{2\,F} \text{ kg/qcm.}$$

Das an der Lehrkanzel für Technische Geologie an der Technischen Hochschule in Wien verwendete, gleichfalls zweischnittige Prüfgerät stellt Abb. 37 dar.

17. Zugfestigkeit (Zerreißfestigkeit).

Für die Untersuchung von Gesteinen auf Zugfestigkeit verwendet man Achterkörper wie bei der Betonprüfung oder nach dem Vorschlage von J. Hirschwald Blöcke von der Form der Abb. 38; man zersägt sie in einzelne Platten, welche in die Einspannvorrichtung eingelegt werden.

Die Zerreißfestigkeit gilt mit P. Ludwik als Maß des Zusammenhaltens eines Körpers (Kohäsion, Kornbindung). Zerreißen Körper derart in zwei Stücke, daß die Bruchstücke keine sichtbaren, dauernden Veränderungen aufweisen, dann nennt man sie „vollkommen spröde" (ideal spröde). Die Trennfestigkeitsgrenze ist auch die Elastizitätsgrenze.

Nur wenige Stoffe sind vollkommen spröde (S. 73); die meisten Stoffe verformen sich schon unterhalb der Zerreißgrenze; Zusammenhalt und bildsame Verformung überlagern sich dann.

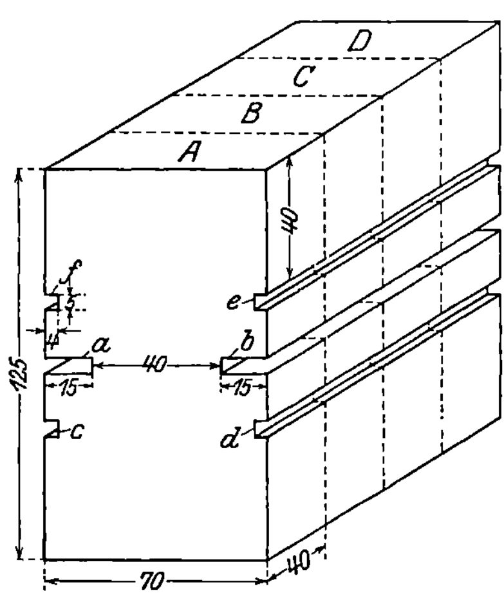

Abb. 38. Form und Ausmaße von Prüfkörpern für die Untersuchung von Gesteinen auf Zugfestigkeit. Nach J. Hirschwald. *A, B, C, D* = einzelne Platten, welche von dem Block heruntergesägt werden.

18. Biegungsfestigkeit.

Eine Platte wird auf Biegung beansprucht, wenn die äußeren Kräfte senkrecht zur Plattenebene angreifen und in jedem Querschnitte ein Kräftepaar hervorrufen, dessen Ebene auf der Querschnittebene senkrecht steht. Der Größtwert der Spannung, welcher den Bruch der Platte herbeiführt, heißt Biegungsfestigkeit; je nachdem der Bruch infolge Zusammenstauchens der Körner auf der Druckseite der Platte erfolgt, oder durch Zerreißen der Kornfasern auf der Zugseite herbeigeführt wird, ist die Biegungsfestigkeit eine Druck- oder Zugspannung. Bei Gesteinen ist die Biegungsfestigkeit stets eine Zugspannung.

Obwohl die Straßenbaustoffe auch auf Biegungsfestigkeit beansprucht werden, sieht man von einer Biegeprobe meistens ab. Sie kann durch die Schubprüfung ersetzt werden (Abschnitt 16, S. 69).

19. Haftfestigkeit und Bindevermögen.

Wichtig ist das Haften von Teer, Bitumen, Wasserglas, Mörtel usw. auf der Gesteinoberfläche. Unmittelbare Bestimmungsverfahren fehlen derzeit noch fast ganz; mittelbare Prüfweisen kennt man dagegen bereits lange.

Schon in den alten, wassergebundenen Straßen mußte man auf die Verbindung der Körner der Fahrbahndecke zu einer Masse von gewissem Zusammenhalte Wert legen.

Nach F. Prouty (1911) nennt man in Amerika die Bindefähigkeit eines Gesteins niedrig, wenn ein wassergebundener Ziegel aus Gesteinsmehl weniger als 10, mäßig, wenn er 10 bis 25, gut, wenn er 26 bis 75, sehr gut, wenn er 76 bis 100, und ausgezeichnet, wenn er mehr als 100 Hammerschläge aushält (vgl. das schwedische Prüfverfahren, S. 71, letzter Absatz).

Das Bindevermögen verschiedener Gesteine von Alabama ergab sich bei der Prüfung im U. S. office of public roads wie folgt:

	Höchst-wert	Min-dest-wert		Höchst-wert	Min-dest-wert
Amphibolit	235	11	Granit	255	3
Andesit	> 500	19	Kalkstein	> 500	10
Basalt	> 500	4	Marmor	85	15
Diabas	> 500	2	Mergel	> 500	96
Diorite	148	9	Peridotite	30	25
Dolomit	179	9	Quarzit	45	0
Eklogit	130	15	Rhyolit	> 500	10
Gabbro	115	6	Sandstein	> 500	3
Gneis	110	1	Tonschiefer	367	28
			Syenit	375	16

In ähnlicher Weise prüft man auch in Schweden die Bindefähigkeit von Gesteinen. Ragnar Schlyter (1927) beschreibt das Verfahren und bildet die dabei verwendeten Geräte (Ziegelpressen und Schlagprüfvorrichtung) ab. Das im Steinbrecher zerkleinerte Prüfgut wird gesiebt. Vom Rückstand auf dem Sieb 8 nimmt man 500 g und mahlt sie mit 90 ccm Wasser in einer Kugelmühle 5000 Umdrehungen lang. Aus der erhaltenen Masse formt man sofort Probewürfel von 25,4 mm Kantenlänge unter einem Drucke von 670 kg; die Prüfstücke werden 20 Stunden lang bei Zimmerwärme getrocknet und sodann 4 Stunden lang in einem Trockenofen einem Wärmegrade von 100° C ausgesetzt. Hierauf bringt man sie mindestens 20 Minuten lang in einen Exsikkator. Sodann reibt man die Endflächen der Würfel mit Sandpapier vorsichtig ab, bis ihre Höhe genau 25,4 mm beträgt. Nun wiegt man sie und bringt sie in die Schlagvorrichtung. Hier fällt ein Hammer von 1 kg Gewicht aus einer Höhe von 1 cm je einmal in einer Sekunde auf die Probestücke herab. Eine Trommel zeichnet die Zahl der Schläge auf. Der Versuch endet, wenn die erzeugte Verformung 5 mm übersteigt. Die Anzahl der Schläge, welche zur Hervorbringung dieser Verformung nötig sind, ist der Maßstab für die Beurteilung der Bindefähigkeit des Gesteins; dabei wird das Mittel aus den Ergebnissen mit je 12 Probekörpern gebildet. Für schwedische Gesteine erhielt man folgende Ziffern:

Diabas	5 bis 49	Sandstein	3 bis 13
Gneis	9 „ 28	Feldspat	12
Kalkstein	23 „ 25	Quarz	1
Granit	6 „ 22	Glimmer	0

Quarz und Glimmer binden für sich allein nicht. Mischt man sie aber miteinander, dann binden sie gut; den Höchstwert der Bindefähigkeit erhält man, wenn man 40 v. H. Glimmer mit 60 v. H. Quarz mengt. Feldspat verliert im selben Maße an Bindekraft, als man ihm Quarz zusetzt.

Das Haften von bituminösen Stoffen an Gesteinen kann man nach Riedel und Weber (1933) etwa in folgender Weise beurteilen: Man verrühre Gesteinkörnchen von 0,2 bis 0,6 mm Durchmesser (Feinsand) mit erhitztem Bitumen im Mengenverhältnisse 30 : 70 in Proberöhrchen gut und lasse erkalten; sodann kocht man 10 Minuten lang in Wasser; das Bitumenhäutchen löst sich dabei von jenen Mineralien, an denen es schlecht haftet (Quarz, Glimmer). Bitumen haftet an Kalkstein und den meisten Basalten gut, weniger gut an Quarzporphyr, schlecht an Quarziten und manchen Amphiboliten und Granuliten.

Krüger (1926) schlägt vor, Straßenbaumischungen mit Teer oder Asphalt in folgender Weise zu prüfen: Man formt aus ihnen Prismen von $10 \times 10 \times 30$ mm Abmessung; nach 48 Stunden unterwirft man die Probekörper einer Schubbeanspruchung; die Schubfestigkeit ist dann ein Maßstab für die gegenseitige Bindung von Gestein und Bitumen (oder Teer). Bei Füllern geht man ähnlich vor; auch hier formt man aus ihren bituminösen Gemischen Probekörper für Druck- oder für Zerreißversuche (Gonell, 1934, Wilhelmi, 1931).

Das Haftvermögen der Straßenbaustoffe hängt u. a. auch von der Rauhigkeit und sonstigen Beschaffenheit der Gesteinoberflächen ab.

Da der Rauhigkeitsgrad (vgl. S. 11) schwer in vergleichsfähiger Form bestimmbar ist, schlägt Tornquist vor, ein Gesteinstück mit bekannter Oberfläche in das Bindemittel einzulassen; die Zugkraft, welche erforderlich ist, das Prüfstück wieder aus der Masse herauszuziehen, gibt ein Maß für die Bindefähigkeit der Gesteinoberfläche. Amos verkittet Gesteinprobewürfel unter einem Druck von 20 bis 25 kg/qcm und mißt die Kraft, welche zur Überwindung der Kittfestigkeit erforderlich ist. Nach Ansicht des Verfassers dürften Probewalzen billiger herzustellen sein. Dow verwendet für die

Prüfung der Haftkraft von Gesteinpulver und Asphalt eine 0,5 Hundertstel-Lösung von Asphaltzement in Schwefelkohlenstoff.

Zuschlagstoffe mit rauhen Oberflächen ergeben, wie Grün (1934) betont, größere Zugfestigkeiten als solche mit glatten Oberflächen (Flußgeschiebe z. B.). Zuschläge, welche infolge ihres chemischen Aufbaues imstande sind, mit Zement und Wasser Umsetzungen an den Grenzflächen auszulösen, ergeben bessere Haftfestigkeiten als völlig träge Zuschlagstoffe; umsatzfähig sind z. B. Kalkstein, Schlacken aller Art (und zwar natürliche wie künstliche), Bimssteine, Ziegelsteine usw. Die Druckfestigkeiten werden nach Versuchen von Grün (1934) durch verschiedene Rauhigkeitswerte der Zuschlagstoffe kaum berührt.

Nach den Erfahrungen, die man mit Steingerüst in Steinschlagdecken mit Oberflächenbehandlung in der Schweiz machte, hängt die Bindung der Schotterstücke wesentlich von den Lücken ab, die nach dem Walzen offen bleiben. Die alpinen Kanthartschotter, wie z. B. Kieselkalke, lassen dank der Keilform ihrer Schotterstücke nach langer Walzung nur einige Poren übrig; diese bleiben bei der Gleichmäßigkeit des Kornes offen und nehmen das Bindemittel auf. Bedeutend ungünstiger verhalten sich die Flußschotter verschiedenen Alters und verschiedener Güte. Die Poren bleiben auch bei ihnen offen, sind aber ungleichmäßiger; die weicheren Bergarten des Schotters zerfallen unter der Walze und füllen mit ihren Sandkörnern die Hohlräume zwischen den ganzbleibenden, druckfesteren Bestandteilen ungleich aus. Die mittelbare Bindung der Schottersteine durch Sand ist weniger kräftig als die unmittelbare durch ineinander verkeilte Kanthartsteine; der Verband der Körner ist nicht starr, sondern mehr minder verschiebbar; es bilden sich in der Fahrbahndecke deutliche Wellen (Vespermann 1934, 2. Teil).

Die schweizerischen Jurakalke vertragen bloß eine leichte Walzung; sie nehmen sonst nur wenig Bindemittel auf und werden rasch wieder entblößt (und zwar um so leichter, je dichter das verwendete Kalkgestein ist; z. B. dichte Malmkalke).

20. Schlagfestigkeit, Zähigkeit und Sprödigkeit.

Die Schlagfestigkeit (Stoßfestigkeit) drückt man durch die Arbeit aus, die man einem Körper einverleiben muß, um ihn zum Bruche zu bringen; im Gegensatze zu den bisher erörterten statischen Beanspruchungen herrscht bei der Schlagfestigkeit oft wiederholte dynamische Einwirkung vor; man hat es daher mit einer Art Dauerfestigkeit zu tun. Eine solche wird bei den Verwendungsweisen der natürlichen Gesteine im Straßen- und Eisenbahnbau dringend gefordert. Sie ist hier wichtiger als die Druckfestigkeit. Stoßfestigkeit und Druckfestigkeit stehen nicht immer in geradem Verhältnisse zueinander.

Für die Ermittlung der Schlagfestigkeit von Gesteinen hat man verschiedene Versuchsanordnungen ersonnen (Fallhammer von Page in Amerika, Schweden u. a.). Föppl verwendet zur Feststellung der „Zähigkeit" Gesteinwürfel von 3,5 cm Kantenlänge und einen Fallhammer von 50 kg Gewicht. Die Schlagversuche werden bis zum Bruche des Würfels in der Weise ausgeführt, daß man stetig steigende Fallhöhen anwendet (z. B. 2, 4, 6, 8, 10 cm usw.); sämtliche aufgewendeten Schlagarbeiten geben gesummt die Gesamtarbeit; als Wertziffer dient der Bruch $\dfrac{\text{Gesamtarbeit}}{\text{Rauminhalt des Probekörpers}}$. Nach Föppl haben Sandsteine die Wertziffer 15 bis 25, Granite etwa 217, Grauwacke 537, Basalte 263 bis 819. Maß der Zähigkeit (Sprödigkeit) nennt Föppl den Wert

$$S = \frac{\text{Wertziffer in cmkg/ccm}}{\text{Druckfestigkeit in kg/qcm}}.$$

In der Schweiz prüft man nach de Quervain (1931) Würfel von 7 cm Kantenlänge und steigert die Fallhöhe von 1 cm um jeweils 1 cm.

Auch die sog. „Kugelrücksprungszahl" vermag einen gewissen Einblick in die Zähigkeitsverhältnisse des Gesteins zu geben, ebenso die verschiedenen Kugeldruckverfahren.

Über den Wert des Föpplschen Verfahrens sind in der letzten Zeit verschiedene Ansichten geäußert worden (Schneer, Stöcke, Stübel usw.).

Die Untersuchungen von Burchartz, Saenger und Stöcke (1933) haben gezeigt, daß der Werkstoff des Auflagers die Ergebnisse sehr stark beeinflußt. Auf ihre Anregung wurde daher in den Entwurf DIN DVM 2107 die Bestimmung aufgenommen, daß das Auflager eine Brinellhärte von 200 kg/qmm und das Aufsatzstück eine solche von etwa 500 kg/qmm haben sollen.

Die übrigen Vorschriften der deutschen Norm sind, soweit sie von obigen abweichen, im wesentlichen folgende: Kantenlänge der Probekörper 4 cm; eine Zahnleiste fängt das Fallgewicht (50 kg) beim Rücksprunge auf; die Rücksprunghöhe kann an der Zahnleiste abgelesen werden (Abstand der Zähne 5 mm). Der Probekörper muß stets mittig auf die Vorzeichnung des Stahleinsatzes (Unterlage) aufgesetzt werden; auf ihn legt man das Aufsatzstück (Schlagplatte), dessen untere Fläche eben ist, während seine obere Begrenzung kugelförmig ausgebildet ist.

Man verwendet in der Regel fünf Probekörper; zuweilen prüft man auch in wassersattem und ausgefrorenem Zustande (Wassersöffer, frostunbeständige Gesteine).

Die Hubhöhe des ersten Schlages wird so bemessen, daß auf je 1 ccm Rauminhalt der Probe 2 kg/cm Schlagarbeit entfallen (0,04 cm je 1 ccm des Versuchskörpers bei einem Fallgewicht von 50 kg). Bei jedem folgenden Schlage steigert man die Hubhöhe um diejenige des ersten Schlages.

Die Schlagfestigkeit $\left(\dfrac{\text{Schlagarbeit}}{\text{Rauminhalt}}\right)$ wird in cmkg/qcm angegeben und auf ganze Zahlen aufgerundet; Mittel aus 10 Versuchen.

Das U. S. office of public roads prüfte die Schlagfestigkeit mit Hilfe eines Rammbären; die Höhe in Zentimeter, bei welcher das Fallgewicht den Probekörper zerbricht, gibt ein Maß für die „toughness" des Gesteins. Werte unter 13 sind niedrig, zwischen 13 und 15 mittel, über 19 hoch. Prouty teilt folgende Schlagfestigkeitswerte verschiedener Gesteine mit:

	höchster	niedrigster		höchster	niedrigster
Sandstein	60	2	Quarzit	30	5
Diabas	54	4	Dolomit	27	4
Andesit	44	7	Chert (Quarz-		
Rhyolit	42	2	fels)	26	5
Basalt	39	6	Kalk	25	2
Syenit	34	8	Gabbro	22	10
Diorit..........	34	8	Peridotit	12	12
Granit	31	2	Marmor	9	3
Eklogit	31	14			

B. H. Knight prüfte verschiedene Gesteine für den Straßenbau nach den Verfahren von Deval und Dorry (Abnützung) auf Zerdrückung und auf Stoßfestigkeit (Page-Verfahren); außerdem untersuchte er sie u. d. M. Auf Grund seiner Ergebnisse teilt er die gewöhnlich für den Straßenbau verwendeten Gesteine in zwei Gruppen.

Jene der 1. Gruppe zeigen eine klare Beziehung zwischen Druck- und Schlagprobe und dem Ergebnisse der Abnützungsprüfung und dem Verhalten der Bergart in der Straßendecke. Eine Beurteilung des Baugesteins auf Grund solcher Verfahren ist z. B. möglich bei vielen Sandsteinen, Kalksteinen, Basalten.

Die Gesteine der 2. Gruppe zeigen keine deutlichen Wechselbeziehungen zwischen Druck- und Stoßprüfung einerseits und dem Verhalten des Gesteins in der Fahrbahndecke und beim Abnützungsversuche. Die Druckversuchergebnisse führen insbesondere häufig bei gemeinen Graniten, Gneisen, anderen kristallinen Schiefern und Quarziten irre.

Unter den physikalischen Prüfverfahren kann man sich nach Knights Anschauung auf die Schlagfestigkeitsprüfung nach Page immer noch am besten verlassen, wenngleich auch sie nicht untrüglich ist. Die Ergebnisse der Dorryschen Abnützungsprüfung sind von geringer Bedeutung. Es ist überhaupt unklug, meint Knight, die Güte von Bergarten nur nach einem einzigen Prüfverfahren beurteilen zu wollen.

Die staatliche Stoffprüfstelle in Berlin-Dahlem untersucht die Schlagfestigkeit von Schotter in dem S. 68 geschilderten Behälter, welcher auch zur Prüfung auf Druck benützt wird (Abb. 36). In einem Föpplschen Schlagwerke übt der 50-kg-Bär 20 Schläge aus einer Fallhöhe von 50 cm aus; den Zerkleinerungsgrad bestimmt man durch Absieben auf dem 10-mm-Sieb; außerdem wird auf dem 5-, 15-, 20- und 30-mm-Sieb abgesiebt. Der Gewichtsverlust auf dem 10-mm-Sieb wird in Hundertsteln des ursprünglichen Gewichtes ausgedrückt.

Die Auffüllhöhe wird mit etwa 10 cm bemessen; es liegen dann zwei bis drei Schotterstücke von 3 bis 6 cm Korn im Mörser übereinander; dies bietet noch eine gewisse Gewähr dafür, daß die auszuübende Beanspruchung das gesamte Prüfgut und nicht bloß dessen oberste Schichten mit möglichst unverminderter Kraft erfaßt. Im allgemeinen sind also rund 3 kg Schotter für den Einzelversuch erforderlich. Das eingebrachte Gut wird leicht gerüttelt.

Es wurde weiter oben schon bemerkt, daß die Beanspruchung unserer Fahrbahndecken durch den Verkehr eine Dauerbeanspruchung ist; ihr sollten daher auch die Untersuchungsverfahren tunlichst gerecht werden.

Wichtige Mitteilungen über Dauerfestigkeit danken wir O. Graf. Beim Belasten und Entlasten von Basalt und Muschelkalk decken sich die aufsteigenden und die absteigenden Äste der Zusammendrückungslinien, bei gröber gekörnten Gesteinen (z. B. Granit und Buntsandstein) liegen die Entlastungslinien merklich unter den

Belastungslinien. Die Federndheit wird bei manchen Bergarten durch den Wassergehalt beeinflußt; Sandstein und Granit waren wassersatt nachgiebiger als lufttrocken; Muschelkalk wurde etwas steifer, Basalt dagegen zeigte keinen deutlichen Unterschied.

Von den Gegenstücken „Zähigkeit" und „Sprödigkeit" sind die ähnlichen Widerparte „Federndheit" (Elastizität) und „Bildsamkeit" (Plastizität) streng zu trennen. Erstere ist die Fähigkeit, Formänderungsarbeit umkehrbar aufzuspeichern, letztere die Fähigkeit, Verformungsarbeit in nicht umkehrbarer Weise aufzunehmen (Sachs).

Sprödigkeit (S. 70) ist geringe Formänderungsfähigkeit (Schob). Die Abtrennungsflächen setzen sich, wie z. B. in vielen, gegen brisante Sprengmittel sehr empfindlichen Marmoren, oft weit fort. Die Sprödigkeit ist wohl auf innere Spannungen zurückzuführen, wie sie durch Gebirgsdruck (manche Quarze), rasche Abkühlung (Gesteingläser, Sanidin), hohe Kristallisationskraft bei der Ausfällung aus Lösungen (Quarz z. T., manche Marmore) usw. hervorgerufen werden. Derartige Gesteine vertragen wohl ruhige, aber keine rasch wechselnden Belastungen und bewähren sich weder als Steinschlag für Straßendecken und Schwellenbettungen, noch als Pflastersteine usw. Den Grad der Sprödigkeit zeigt schon das Verhalten des Gesteins beim Schlagen eines Handstückes an: zackiger Bruch im Gegensatz zum flachmuscheligen mancher spröder Gesteine. Bessere Anhaltspunkte bietet die Beobachtung der Vorgänge beim Zubruchgehen des Gesteins in der Druckpresse; die auftretenden Erschütterungen können mit den bekannten Erschütterungsmessern leicht aufgezeichnet werden.

Die Zähigkeit (Schmeidigkeit) ist die Fähigkeit zu großen, bleibenden Formänderungen bei großem, mit den Formänderungen wachsendem Formänderungswiderstand. Hertz schlug vor, auf eine glatte Fläche des zu prüfenden Stoffes eine Stahlkugel zu legen und den Druck zu bestimmen, bei dem die Stahlkugel auf ihrer Unterlage einen feinen, kreisförmigen Sprung erzeugt; zähe Körper erleiden eine dauernde Einbiegung ohne sprungartiges Abreißen. Über die Sprödigkeit unterrichten auch Schlagfestigkeitsversuche (S. 74); Wasser setzt die Sprödigkeit herab.

Nach Ludwik (1929) bedingt hoher Gleitwiderstand geringes Formänderungsvermögen (Sprödigkeit); der Reißwiderstand ist verhältnismäßig klein, die Schubgrenze groß. Geringer Gleitwiderstand

führt zur Schmeidigkeit (Zähigkeit), begründet in großem Formänderungsvermögen; der Reißwiderstand (Zusammenhalt, Kohäsion)
ist dann verhältnismäßig hoch, die Schubgrenze wird jedoch bald
überschritten. Mit wachsender Formänderungsgeschwindigkeit
(Gleitgeschwindigkeit der Gleitfläche) steigt nach Ludwik der
Gleitwiderstand; die Zunahme des Reißwiderstandes hält damit
nicht gleichen Schritt; die Stoffe erscheinen daher mit wachsender
Formänderungsgeschwindigkeit spröder. Auf das zähe oder spröde
Verhalten eines Werkstoffes haben außerdem noch Art des Spannungs-
zustandes und Art des Bruches Einfluß.

Beim Bruche (Bildung freier Oberflächen) werden atomare
Bindungen einzeln hintereinander oder sämtlich gleichzeitig gelöst;
zwischen beiden Grenzfällen schalten sich Übergänge ein (Ludwik
1929). Der Dauerbruch ist unabhängig von der Größe des Form-
änderungsvermögens stets ein spröder Bruch; die atomaren Bindungen
werden mit einem Male gelöst.

Nach Schlechtweg (1933) geht eine Sandsteinwalze beim Druckversuch kurz vor dem Bruche vom spröden zum bildsamen Verhalten
über; letzteres ist dadurch gekennzeichnet, daß Gleitebenen auftreten,
die bereits mit freiem Auge sichtbar sind; der später auftretende
Druckbruch ist dann ein Verschiebungsbruch, kein spröder Trennungs-
bruch. Es ist nicht zweckmäßig, von spröden und von bildsamen
Stoffen zu sprechen; man sollte von dem bildsamen oder spröden
Gebiete reden, in dem sich der Stoff jeweils befindet.

Spröde Gesteine sind wenig schlagfest (S. 74); zähe (schmei-
dige) Bergarten zeigen hohe Dauerfestigkeit. Zu Pflastersteinen
und Schottergut eignen sich daher in erster Linie zähe Gesteine.

Sandsteine sind oft sehr zäh. Den plötzlich und kräftig
wirkenden Schlag dämpfen die Unstetigkeiten zwischen den
Bestandteilen der Sandsteine und kristallinen Gesteine; dadurch
wird die Zähigkeit erhöht; die mit der Frostprobe verbundene
Auflockerung verstärkt zuweilen die Dämpfung und läßt die
Gesteine zäher erscheinen. Die langsam wirkende Druckprobe
ermöglicht die Bildung von Gleitflächen zwischen den Körnern
der Sandsteine und Durchbruchgesteine und fördert damit in
gewissem Maße den Bruch.

Gaber (1930) beschreibt ein Schlagwerk mit Hämmern
(4, 8, 12 kg) zur Bestimmung der Dauerschlagfestigkeit; die
Anzahl der Schläge oder die aufgewendete Schlagarbeit bis zum
Zertrümmern gibt ein Maß für die Schlagfestigkeit. Die Vorzüge
dieses Prüfgerätes sollen sein: Ermittlung der wirklichen Dauerschlagfestigkeit, hohe Genauigkeit, selbsttätige Arbeit des Gerätes
(Zählen der Schläge, Selbstausschaltung bei Zerstörung desWürfels).

Als Versuchskörper dienen Würfel mit 3 cm Kantenlänge. Das Gewicht des Hammers wird der Gesteinsart angepaßt; der 4-kg-Hammer zerstört Hartgestein im Dauerbetrieb gewöhnlich nicht. Ein 1-PS-Motor mit 50 Umdrehungen in der Minute treibt über ein Zahnradgetrieb eine Daumenwelle mit drei Daumenrädern und je einem auswechselbaren Hammer an. Bisherige Prüfergebnisse:

	Hammergewicht	Anzahl der Schläge bis zur Zerstörung
Porphyr von Dottenheim ...	8 kg	220 bis 270
Granit von Weisenbach	8 ,,	20 ,, 1700
Basalt	8 ,,	bis 24 800
Sandstein	4 ,,	8 bis 20

21. Abnützbarkeit (Verschleißbarkeit).

Die Abnützung eines Gesteins ist die Verminderung seiner Masse bei seiner Verwendung; sie hat mit der Bearbeitbarkeit vieles gemein; sie hängt von dem abnützenden Stoffe, von der Härte der vorwaltenden Gesteingemengteile, von ihrer Menge gegenüber den anderen Bestandteilen, von der Zähigkeit der Mineralien, von der Festigkeit der Kornbindung usw. ab.

Die Abnützbarkeit ist mithin eine sehr verwickelt zusammengesetzte Gesteineigenschaft; sie kann rein vergleichbar nur für ganz bestimmte Abnützungsarten erhalten werden. Die Verschleißbarkeit der Fahrbahndecke ist von höchster wirtschaftlicher Bedeutung.

Versuche im großen liefern praktisch brauchbare Ergebnisse (z. B. Straßenprüfstände, Probestrecken). Untersuchungen im Arbeitsraume sind nur ein Notbehelf. Die zahlreichen Verfahren lassen sich in nachstehende Gruppen einreihen:

a) Schleifverfahren.

Die Gesteine werden im trockenen oder nassen Zustande mit verschiedenen Schleifmitteln (Schmirgel, Stahlsand usw.) bearbeitet. Der Abnützungsvorgang besteht in einer vielfachen, unzählige Male in verschiedenen Richtungen wiederholten Kritzung der an der Gesteinoberfläche bloßliegenden Mineralien durch das härtere Schleifmittel; dabei wird auch die Kornbindung der Oberflächenschicht der Bergart gelockert, bis die geschrammten Gemengteile absplittern und herausbrechen. Prüfgeräte rühren von Bauschinger, Dorry (von vielen abgelehnt), von der dänischen Materialprüfungsanstalt (Kopenhagen) u. a. her.

Nach O. Graf, Hoeffgen u. a. nehmen nachstehende Umstände auf die Schleifergebnisse Einfluß: Größe der Probekörper, Zahl der gleichzeitig behandelten Prüfstücke, aufdrückende Belastung, Schleifmittelbeschaffenheit, Geschwindigkeit der Schleifscheibe, Rauhigkeit der Schleifscheibe, Menge des Schleifmittels, Schleifweg (ununterbrochen oder unterbrochen), Stellung der Prüffläche zur Schleifbahn, Beschaffenheit des Stoffes und der Oberfläche der Schleifbahn, Feuchtigkeitsgrad der Probe und des Schleifmittels,

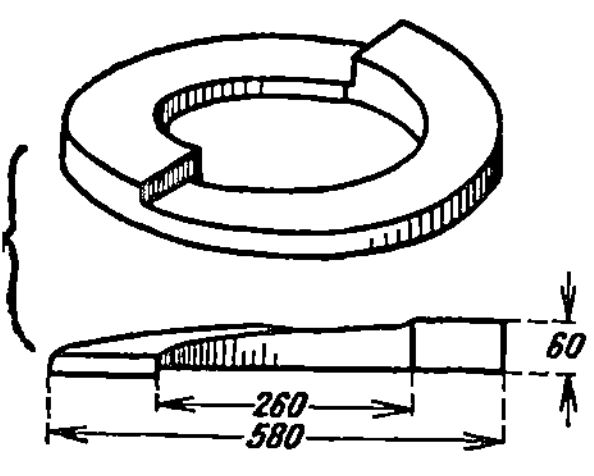

Abb. 39.　Schleifstoßscheibe
nach Gaber und Hoeffgen.

besondere Eigenschaften des Prüflings (z. B. Art des entstehenden Schleifstaubes), Form der Anschlifffläche des Versuchskörpers, Größe der Anschlifffläche, Paraffinüberzug usw.

Hoeffgen (1929) erhielt bei der Nachprüfung der Genauigkeit des „Schleifdrehverfahrens" am Granit einen mittleren Fehler einer Bestimmung zu ± 0,27 g. oder einen bezogenen mittleren Fehler von ± 1,8 Gewichtshundertsteln. Das Verfahren ist mithin vergleichsweise genau.

In Schweden (R. Schlyter, 1927) benützt man die Schleifeinrichtung von Dorry.

Für die Untersuchung von Pflastersteinen empfehlen Gaber und Hoeffgen die Schleifstoßmaschine (Schleifscheibe mit zwei halben Kreisringen).

Man setzt auf die Schleifscheibe der Schleifdrehmaschine zwei halbkreisförmige Ringe auf (Schleifstoßscheiben), deren Oberflächen Schraubenflächen darstellen; sie werden mittels Zapfen und seitlichen Stoßlaschen so verschraubt, daß jeweils das niedrige, 30 mm starke Ende des Halbkreisringes mit dem höheren, 60 mm starken Ende des anderen Halbkreisringes zusammenstößt (Abb. 39). Bei der Prüfung drehen sich die Schleifstoßscheiben unter den Versuchskörpern weg und heben sie bei jeder Umdrehung zweimal mit dem Gewicht der Einspannvorrichtung der Achse und der Handräder an, um sie bei den Stoßstellen der Scheiben um 30 mm frei herabfallen zu lassen; jeder Versuchskörper hat bei der Karlsruher Anordnung beim Aufprallen auf die Platte einen Stoß von 78 cmkg aufzunehmen. Der Gesamtschleifweg beträgt 760 m, die Zahl der Stöße während der Prüfung 1000 (Gesamtstoßarbeit 78000 cmkg).

Das Schleifstoßverfahren kommt der Beanspruchung der Straßenbaugesteine näher als das gewöhnliche, drehende Schleifverfahren.

Die Kanten der Versuchskörper werden dabei abgerundet. Die Fehlerquellen sind ähnliche wie beim Drehschleifverfahren. Den mittleren, bezogenen Fehler bestimmte H o e f f g e n (1929) zu 5,5 Gewichtshundertsteln.

b) Untersuchung mit dem Sandstrahlgebläse.

Unter einem Druck von mehreren Atmosphären (meist 3 Atm.) wird getrockneter Sand (Normsand, der durch ein 120-Maschen-Sieb gefallen ist) mittels Trockendampf oder Preßluft auf die Fläche eines Probewürfels geschleudert. Als Maß der Abnützungsgröße dient der Raum- oder der Gewichtsverlust, bezogen auf die Flächeneinheit der Verschleißfläche.

Durch Einwirkung des Sandstrahles treten Unterschiede in der Abnützung verschiedener Stellen der Nutzungsfläche, d. i. Gleichmäßigkeit oder Ungleichmäßigkeit der Abnützung des Gesteins deutlich hervor; es werden nämlich die harten Bestandteile weniger angegriffen und überragen als schützende Erhabenheiten die weicheren Gemengteile; feinkörnige Kalke werden dabei wenig abgenützt; aus anderen Gesteinen werden ganze Körner herausgerissen, nachdem sie zuerst gelockert wurden. Die Abnützung von Pflastersteinen, Steinbelägen usw. erfolgt dagegen in ganz anderer Art; hier werden durch die darüberfahrenden Lasten, den Stoß der Räder, den Schlag der Pferdestollen usw. die vorragenden Hartbestandteile sehr bald zerdrückt und herausgebrochen; so werden dann immer wieder neue Gesteinschichten dem Verschleiße preisgegeben; die Oberfläche des Gesteins wird niemals so tief aufgerauht werden wie beim Sandstrahlversuch; anderseits wirken bei dieser Beanspruchung die abgesplitterten und herausgebrochenen Teilchen, die sich in die Vertiefungen der Verschleißfläche hineinlegen, eine Zeitlang schützend auf ihre Umgebung ein, bis der Regen sie auswäscht oder der Wind sie fortbläst.

Das Gebläse weist allerdings auch gewisse Vorzüge (?) gegenüber dem Schleifverfahren auf. So treffen die Sandkörner des Gebläses nur einmal auf, während die Schleifmittel sich je nach der Härte der Mineralgemengteile der Bergart rascher oder langsamer abreiben und schließlich unwirksam werden; Aufgabe eines Überschusses von Schleifmittel verringert übrigens den Übelstand wesentlich. Weiters beläßt das Schleifverfahren das abgelöste Gesteinpulver auf der Verschleißfläche, während es das Sandstrahlgebläse gleich nach seiner Abtrennung wegbläst. Die angeführten „Nachteile" des Schleifverfahrens wiegen jedoch nicht schwer; ja sie machen vielleicht den Verschleiß in der Natur und beim Versuch einander nur ähnlicher.

Die Abnützung nimmt nach O. G r a f von der Mitte gegen den Rand der bestrahlten Fläche rasch ab; sie wird also durch ihre Größe bedingt. Steigerung des Überdruckes der Preßluft vermehrt die Abnützung unverhältnismäßig stark (unter Zunahme der geschleuderten Sandmenge). Das Düsenende soll etwa 6 cm von der Prüffläche abstehen. Sehr wichtig ist die Abmessung und Form der Düse (Gaber). Die Abnützung wächst mit der Menge des aufprallenden Sandes, aber nur bis zu einem bestimmten Höchstwerte. Die Abnutzung von Natursteinen unter dem Sandstrahl ist in allen Fällen geringer als beim Schleifversuch. Hoeffgen hat gezeigt, daß der Untersuchung mit dem Sandstrahlgebläse ein grundsätzlicher Fehler anhaftet; seine Vernachlässigung kann zu gänzlich unbrauchbaren Ergebnissen führen. Sie liegen in der Form und Abmessung der Düse; diese ändern sich, weil die Düse selbst beim Versuch abgenützt wird. Man kann diesen Verfahrenfehler nur dadurch beseitigen, daß man gleichzeitig mit dem Versuchskörper oder unmittelbar darnach einen Vergleichskörper anbläst und die Abnützungen miteinander vergleicht. Die Gleichmäßigkeit macht Spiegelglas zu einem brauchbaren Vergleichskörper.

c) Die Bestimmung des Gesteinverschleißes in Trommelmühlen oder in Kollergängen.

Sie gehört zu den dynamischen Verfahren. Das seit altersher bekannte Verfahren, Gesteine in Kollergängen oder Trommelmühlen auf ihren Verschleiß zu prüfen, findet in neuerer Zeit wieder mehr Beachtung und mannigfache Abänderung (Verfahren von Deval — in Schweden benützt —, Wawrziniok, Grengg, Gaber, Hoeffgen u. a. m.).

In seiner einfachsten Ausführung unterwirft das Verfahren die eingebrachten Probestücke von unregelmäßiger, eckiger Form ähnlichen, zusammengesetzten und schwer nachprüfbaren Beanspruchungen, wie sie Geschiebe in Wildbächen und Wildflüssen erleiden. Es gibt auch hinsichtlich des Verhaltens von Schottergut in Fahrbahndecken manchen Fingerzeig. Wegen der verwickelten Beanspruchung der Prüfstücke lehnen manche Forscher die Trommelmühle ab (Greger, 1927, Stiny, 1929 u. a.); eine Ausnahmestellung dürfte das Karlsruher Verfahren einnehmen.

Fehlerquellen ergeben sich aus der Abnützung der Stahlkugeln, der Form der Probestücke, dem Verschleißgut, der ungleichen Größe der Schotterstücke (bei Granit übrigens nach Hoeffgen gering), der verschiedenen Feuchtigkeit des Schotters, dem unterschiedlichen Raumgewichte der Schotterstücke usw. Hoeffgen hat übrigens eine ziemlich niedrige mittlere bezogene Abweichung bei der Untersuchung von Granit gefunden ($\pm$ 3,4 Gewichtshundertstel).

Manche Forscher untersuchen auch Probewürfel. So kollert Burchartz 5 geschnittene Würfel von 4 cm Kantenlänge in einer

Trommel von 187 bzw. 250 mm Durchmesser. Nach 6000 Umdrehungen (50 Umdrehungen in der Minute) wird auf Sieben von 35,7 und 1 mm Durchmesser der Anteil der einzelnen Korngrößengruppen festgestellt.

22. Härte.

Die Härte wird gewöhnlich umschrieben als der Widerstand, den eine Gebirgsart dem Ritzen, dem Herausreißen (Absplittern unter Druck) einzelner Teilchen aus der Gesteinoberfläche oder dem Eindringen eines Fremdkörpers zwischen die Gemengteile der Bergart entgegensetzt. Sie hängt vor allem ab von der Kornbindungsfestigkeit, der Federndheit des Gesteins, der Härte seiner Gemengteile, der Oberflächenbeschaffenheit, der Geschwindigkeit des angreifenden (ritzenden) Körpers, Tracht, Gefüge, Feuchtigkeitsgrad usw. Ein und derselbe Körper hat verschiedene Härte je nach der Art der versuchten Verformung; dies zeigt nachstehende Übersicht sehr deutlich.

Verhältniszahlen der Härte einzelner Mineralien
(Korund = 1000 gesetzt).

		Mohs 1820	Auerbach 1891—1896	Rosiwal 1892	Jaggar 1897
Mit dem Fingernagel ritzbar	Gips	2	12	0,3	0,04
	Steinsalz	2	20	2,0	—
Schon mit einem weichen Eisennagel ritzbar	Kalkspat	3	80	5,6	0,26
	Flußspat	4	96	6,4	0,75
Härte etwa gleich Fensterglas	Apatit	5	197	8,0	1,23
Nur mit außergewöhnlich hartem Messer ritzbar	Adular (Feldspat)	6	210	59	25
Mit keinem Messer mehr ritzbar	Quarz	7	268	175	40
	Topas	8	456	194	152
	Korund	9	1000	1000	1000
	Diamant	10	2170	140000	—

Rosiwal hat die sog. „Schleifhärte" ermittelt; sie ist eigentlich eine Abnützungsziffer und keine Härteangabe (vgl. Abschn. 21).

Übersicht der Ritzhärten der für den Straßenbau
wichtigsten Mineralien. Härtestufe nach Mohs.

2 oder etwas mehr Glimmer (Hellglimmer, Dunkelglimmer, Chlorit
usw.);
3 . . . . Kalkspat;
} . . . . Dolomit, Serpentin (schwankend);
4 . . . . Flußspat, Diallag;
5 . . . . Apatit;
} . . . . Leuzit, Nephelin, Titanit;
6 . . . . Feldspat (ganz frisch), gemeiner Augit (frisch),
Hornblende (frisch), Omphacit;
} . . . . Olivin (schwankend), Epidot;
7 . . . . Quarz;
} . . . . frischer Granat (schwankend), Turmalin, Andalusit, Corderit.

Man muß Gesteinhärte und Mineralhärte sorgfältig aus-
einanderhalten. Beide fallen selbst bei einfachen, nur aus einer
Mineralart aufgebauten Gesteinen häufig nicht zusammen; man
denke da nur an die weit auseinanderliegenden Gesteinhärten von
Kreide und Marmor, obwohl beide wesentlich aus demselben
Mineral (Kalkspat) aufgebaut sind. Es spielen eben bei einer
Gebirgsart neben der Mineralhärte noch wesentlich das Gefüge,
die Tracht, namentlich aber die Kornbindung eine große Rolle.

Bei gemengten Gesteinen wechselt die Härte von Stelle zu
Stelle; einheitliche Angaben, wie z. B. bei Mineralien, sind daher
unmöglich und würden nur irreführen. Man behilft sich bei der
Anschätzung von Gesteinhärten daher anderer Verfahren. Das
einfachste ist die Prüfung mit verschiedenen Mineralien und
Metallen von bekannter Härte (siehe oben). Dem Ingenieur sei
der Vorschlag Hirschwalds empfohlen. Er prüfte die Härte der
Gesteingemengteile mit Hilfe einer griffbewehrten Stahlnadel und
einer Lupe; die Strichbreite gibt einen annähernden Anhaltspunkt
für die verhältnismäßige Härte ritzbarer Mineralien. Man kann
dann aus der Verteilung (Menge) der einzelnen verschieden harten
Mineralien und ihrer Härte einen ungefähren Schluß ziehen auf
die obere und untere Grenze der Härte des Gesteins. Maßgebend
wird in vielen Fällen die untere Grenze sein; denn die härteren
Mineralien brechen aus, wenn sie nur Inseln in einer weicheren
Umgebung sind. Besonders wichtig ist die Ritzhärteprüfung bei
der Beurteilung der Frische eines Minerals (Gesteins).

Das von Mohs bei der Aufstellung seiner Härtestufenleiter angewendete, von der Richtung abhängige Ritzverfahren haben später viele Forscher weiter ausgebildet; so Gollner, Müllner, Turner, Martens und viele andere. Als zuverlässig gilt der Martensche Ritzhärteprüfer (Sklerometer, Abbildung und Beschreibung siehe Stiny, Technische Gesteinkunde S. 473).

Die Eindruckverfahren streben die Härte durch stoßfreies Eindrücken eines Stempels festzustellen. Als Stempel verwenden Brinell und Benedikt (Vervollkommner des Verfahrens) eine gehärtete Stahlkugel von 10 mm (5, 2,5 mm) Durchmesser; sie wird durch meßbaren genormten Druck in die vorher geebnete und geglättete Gesteinoberfläche eingetrieben; sodann mißt man die Tiefe und den größten Durchmesser (D) des Eindruckes auf $1/_{100}$ mm genau u. d. M. Das Maß der Härte ist die „Härtezahl"; man erhält sie aus dem Bruche

$$\frac{\text{Angewendete Druckkraft in kg}}{\text{Einbeulungsfläche in qmm}} \quad \text{oder auch} \quad H = \frac{P}{D_t}.$$

Da trockene Gesteine härter sind als feuchte, ist stets auch die Ermittlung des Wassergehaltes bei der Härteprüfung nötig.

Der Härteprüfer von Martens-Heyn zeigt die Eindrucktiefe der Kugel unmittelbar an; auch aus ihr läßt sich die Eindruckfläche und damit die Härte berechnen.

Bei bildsamen Körpern entsteht kein Sprung wie bei spröden Körpern, sondern eine bleibende, kugelabschnittartige „Delle" (Auerbach), die mit steigendem Druck immer langsamer wächst, so daß sich der Druck auf die Flächeneinheit einem unveränderlichen Grenzwerte nähert, der dann als Maß der Härte verwendet werden kann.

Nach den neueren Anschauungen von E. Friederich ist die absolute Härte einer Reihe einfacher, binärer Verbindungen der Ausdruck des Atomzusammenhanges im Gitter gemäß dem elektrostatischen Anziehungsgesetz. Sie ist versuchsmäßig die größte aller Festigkeiten.

Hart- und Weichgesteine.

Im Berufsleben hat sich die Sitte eingebürgert, gewisse Gesteine als „hart", andere als „weich" zu bezeichnen. Diese Ausdrucksweise führt mehr oder weniger irre; es handelt sich nämlich dabei durchaus nicht um eine Härteeigenschaft des Gesteins, sondern um ein Maß seiner Bearbeitbarkeit und seines Verschleißes. Als Weichgesteine bezeichnet man gewöhnlich:

Durchbruchgesteintuffe, Kalksteine, Marmore, Dolomite, Mergel, Kalksandsteine, Serpentin, Kalkschiefer, Marmorschiefer, Chloritschiefer, glimmerreiche Glimmerschiefer, Phyllit, Gips, Anhydrit usw.

Als Hartgesteine dagegen:

Sämtliche frischen Durchbruchgesteine, außerdem Kieselschiefer, Kieselkalke, Quarzitschiefer, Granulite, Eklogite, Amphibolite, Hornfelse, manche Gneise, quarzreiche Quarzphyllite usw.

Ausgehend von der Ausdrucksweise „Hartgesteine" und „Weichgesteine" haben sich im neuzeitlichen Straßenbaue weitausholende Wechselreden, ja sogar erbitterte Fehden abgespielt zwischen den Anhängern der Verwendung der einen oder der anderen Gesteingruppe. Auch die Meinungen sehr gemäßigter und gerecht urteilender Fachmänner gehen nicht immer gleich. Ich lasse tieferstehend einige von ihnen zu Worte kommen.

Nach Vespermann (1934) herrscht in England das Bestreben, den Teermakadam durch die Verwendung widerstandsfähigeren Gesteins immer mehr und mehr zu verbessern; die eingeführte Versuchsstraße hat die Überlegenheit von Hartgestein bewiesen. Voraussetzung ist nur das gute Haften des Teers am Hartgestein.

Übrigens haben nach Vespermann (1934) in Eßlingen Teermakadamdecken bei einem Verkehr von 3000 t täglich von ihrer Herstellung im Jahre 1925 bis zum Jahre 1933 keinerlei Anstände herbeigeführt; allerdings wurde für sie Kalksteinschotter bester Güte verwendet.

Nach Oberbach liegt ein in Bitumen vollkommen gehülltes Gestein in einer Decke weich und federnd; Stöße werden gemildert, die Fahrbahndecke wirkt wie ein Kissen; es verträgt daher größere Beanspruchungen als Gestein in trockener Bettung ohne weiches Zwischenmittel. Auch die Abnützung wird im Teermakadam gedämpft.

Mit Recht sagt Schneider: „Weichgesteine können da, wo eine Scheuerung durch Eisenreifen weniger stattfindet, sehr gute Dienste tun; so in stillen Siedlungsstraßen und sonstigen Wohngassen, in Einfahrten und auf Bürgersteigen mit Fußgängerverkehr, weil sie sich angenehm begehen, ziemlich geräuschlos sind und nicht glatt werden; weiter für Hofpflasterungen (aber außerhalb der Fahrspur), für Rinnen, Böschungspflaster, Schulhofeinfahrten, die nur selten befahren werden usw.; für alle diese Zwecke ist das billige, geräuschlose Weichgesteinpflaster gut geeignet. Durch eine leichte Überdeckung mit Teer oder Bitumen wird man übrigens heute einer allzu schnellen Abnützung begegnen können."

Die Erfahrungen, die man mit oberflächenbehandelten Steinschlagdecken aus Weichgesteinen machte, sind verschieden. Günstig lauten Berichte aus England, Frankreich, Württemberg, ungünstig dagegen jene aus der Schweiz und zum Teil auch aus Holland;

einschränkend teilt Clement (1933) über die günstigen württembergischen Erfahrungen mit, daß sie sich auf Kalkstein bester Sorte beziehen. Aber auch in England spricht man sich in neuerer Zeit immer entschiedener für Hartschotter aus und selbst in Frankreich verkennt man nicht die bessere Verankerung des Oberflächenbewurfes in Hartschottergerüsten.

Knight und Herald (Wegen 1933, H. 7) schlossen aus ihren umfangreichen Versuchen, daß 1. alle Kalksteinarten bei Anwendung in Deckschichten und bei Oberflächenbehandlung unter dem Einfluß des Verkehrs einen fettig sich anfühlenden Rückstand liefern und 2. die kristallinische Ausbildung der Kalksteine ihre Abnützung verzögert, die endliche Bildung von fettigem Rückstand aber nicht verhindern kann.

In oberflächenbehandelten Straßen sollen alle kleinen Körnungen aus Hartgestein bestehen. Dieses muß nicht bloß druckfest, sondern auch zäh und womöglich feinlückig sein (Dr. Klein, Asphalt und Teer 1933, H. 36); der durch die Sonne erwärmte, vorhandene Teerüberschuß wird von den Lücken aufgesaugt; die Teerung wird hohlraumärmer, standfester und schwitzt weniger leicht. Glatte, lückenlose Splitter können dagegen von dem sonnenerwärmten Teer nicht gehalten werden; die Teerung magert nicht ab, sondern schwitzt, schiebt und erfordert lästige Nachbehandlungen.

Fritz Otto (1931) schlägt vor, alle jene Gesteine als Hartgesteine zu bezeichnen, welche eine Druckfestigkeit von mindestens 2000 kg/qcm, eine Abnützbarkeit von höchstens 0,15 ccm/qcm auf der Schleifscheibe und von höchstens 0,20 ccm/qcm im Sandstrahlgebläse besitzen. Alle übrigen Gesteine reiht er unter die Weichgesteine ein.

Hász (1934) berichtet, daß sich Andesit beim ungarischen Betonstraßenbau gut bewährt hat; auch eine Probestrecke aus Kalksteinbeton mit 2000 t Tageslast ($^2/_3$ Pferde- und $^1/_3$ Kraftwagenverkehr) zeigt eine gleichmäßige, wenn auch entsprechend größere Abnützung.

Im Grunde genommen ist eigentlich der Streit um die Verwendung von Hart- und Weichgestein ein ziemlich müßiger; er kann ganz allgemein nicht entschieden werden; jeder Einzelfall kann anders liegen; jedes Gestein hat gewisse Vorzüge, die sich unter bestimmten Umständen gut auswirken und seine Verwendung ermöglichen oder sogar fordern. Man muß sich nur vor dem Fehler hüten, aus unangebrachter Sparsamkeit oder infolge der Scheu, Zeit für die genaue Untersuchung jedes besonderen Falles aufzuwenden, Gesteine dort einzubauen, wo sie ihren technischen Eigenschaften gemäß nicht hinpassen. In diesem Sinne hat weder der Hartfels noch das Weichgestein ein Anrecht auf ausschließliche Benutzung; wird auch der neuzeitliche Verkehrswegebauer im allgemeinen sich für den Hartschotter entscheiden müssen, weil er sich trotz höheren Preises in vielen Fällen besser bewährt und daher wirtschaftlicher ist als Weichgestein, so wird es im Bauwesen doch immer noch genügend Fälle geben, wo n e b e n oder s t a t t dem Hartschotter auch der Kalkstein usw., vor allem der hochwertige, am Platze ist.

Die Verwendung jedes Baustoffes am richtigen Platze, von der wir heute noch weit entfernt sind, wird und muß dem hochwertigen Hartgestein jenen Belieferungskreis bringen, der ihm nach seinen technischen Eigenschaften zweifellos gebührt; sie wird aber anderseits auch die guten Abarten der Weichgesteine aus jenen Verwertungsgebieten nicht verdrängen können, in denen ihre Verwendung vermöge billigerer Beschaffung, ihren fallweise noch zureichenden technischen Eigenschaften und nach der geographischen Lage ihrer Vorkommen möglich und wirtschaftlich berechtigt ist.

23. Erweichbarkeit des Gesteins.

Nur in wenigen Ausnahmsfällen ist feuchtes Gestein fester als trockenes. In aller Regel „erweicht" Feuchtigkeitsaufnahme das Gestein. Als Maß der Erweichbarkeit dient die Erweichungswiderständigkeitsziffer (oder kurz Erweichbarkeitsziffer; e); sie ist das Verhältnis der Festigkeit im wassersatten Zustande (F_w) zu jener im trockenen Zustande (F_t) und wird ausgedrückt durch die Gleichung

$$e = \frac{F_w}{F_t}.$$

Da die Zugfestigkeit schwieriger zu ermitteln ist als die Druckfestigkeit, so bestimmt man in aller Regel die E r w e i c h b a r k e i t s - z i f f e r der Druckfestigkeit.

Die Erweichbarkeitsziffer gibt uns nicht nur einen Fingerzeig für das Verhalten der Felsarten unter Wasser, sondern zugleich auch einen Maßstab für ihre Wetterbeständigkeit; diese wächst nämlich unter sonst gleichen Umständen mit dem Anstiege der Erweichbarkeitsziffer; stark wassererweichbare Gesteine (kleine Erweichbarkeitsziffer!) sind durchweg frostunbeständig. Sie bewähren sich auch im Straßenbau nicht; der Pflasterer nennt sie „Wassersöffer" (Wassersauger). Sie treten nach W. Z e l t e r (1927) in Granitpflastern häufig auf; Steuer führt sie auf lückige Vorkommen zurück (winzige, aber zahlreiche Hohlräume), Zelter (1927) auf feinste Risse als Folge von Gebirgsdruck.

Zelter (1927) fand, daß Wassersöffer etwa $2^1/_2$mal mehr Wasser aufsaugen als gesunde Steine aus demselben Bruche; sie halten das aufgenommene Wasser lange zurück und vergrößern so die Gefährdung des Steins bei Frostwetter. U. d. M. zeigen die Feldspäte und Quarze Risse, welche das ganze Korn durchziehen; der Quarz löscht wellig aus. Vielfach ist der Gehalt an Feldspäten größer als bei gesunden Graniten; die Glimmer sind oft in Umwandlung zu Grünglimmern (Chlorit) begriffen, seine Schüppchen nicht selten verbogen.

Um sich vor Schäden zu schützen, die Wassersöffer in der Straßendecke hervorrufen, wäre es dringend nötig, die Pflasterwürfel im Steinbruche zu übernehmen. Verdächtig erscheinendes Gestein kann rechtzeitig auf Wasseraufsaugung geprüft werden; die Wasseraufnahme darf nach Zelter (1927) 0,75 v. H. (höchstens 1,0 v. H.) nicht überschreiten. Lösungen von übermangansaurem Kali sollen nach 5 Tagen nicht

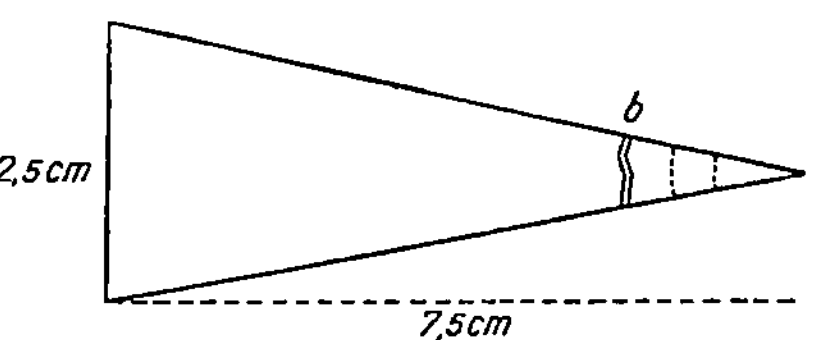

Abb. 40. Keilprobe nach J. Hirschwald.

weiter als 1 bis 2 mm tief in den Würfel eingedrungen sein. Gesundes Gestein gibt sich durch frisches, glänzendes Aussehen seiner Feldspäte und Glimmer zu erkennen.

Der neuzeitliche Straßenbau verlangt Gesteine mit tunlichst hohem Erweichungswiderstande (e wenig unter 1,0); erwünscht sind Werte von e, die über 0,90 liegen; Gesteine mit einer Erweichungswiderständigkeitszahl $e = 0,85$ bis $0,90$ wird man für neuzeitliche Fahrbahndecken nur ausnahmsweise zulassen; sie eignen sich nicht einmal für die Packlage, da hohe e-Werte in der Regel auch Anzeichen guter Weiterleitung der Feuchtigkeit sind (Haarröhrchenaufstieg des Wassers aus dem Untergrunde).

Die Erweichbarkeit selbst hängt größtenteils von der mineralischen Zusammensetzung des Gesteins und von seiner Lückigkeit ab; alle tonreichen Gesteine, wie beispielsweise Mergel, Mergelkalke, Kalkmergel, Schiefertone, Tonschiefer, Sandsteine mit mergeligen oder sonstigen tonreichen Bindemitteln erweichen im Wasser leicht, die quarzreichen dagegen schwer, wie z. B. viele kristallinische Felsarten, stark verkieselte Absatzgesteine usw.

Die annähernde Feststellung der Wassereinwirkung auf Gesteine führte J. Hirschwald an keilförmigen Splittern aus.

Zwei bis drei Keile werden unter Wasser gelegt, ebensoviele an der Luft aufbewahrt. Nach 4 Tagen bricht man von der scharfen Kante her soviel als tunlich mit den Fingern ab (z. B. bis b bei den trockenen, bis b_1 an den wassergelagerten) (Abb. 40); der Bruch b/b_1 liefert einen Maßstab für den Erweichungsgrad. Färbungsversuche ergänzen die Wasseraufnahmeprüfung in willkommener Weise und decken die feinen Wasserwege in hellen Gesteinen (weniger gut in dunklen) leicht verfolgbar auf (vgl. S. 47).

E. Anforderungen an Gesteine für bestimmte Verwendungszwecke.

Mit Recht betont G. Berg (1931), daß kein Gestein an sich gut oder schlecht sei, sondern nur brauchbar oder nicht brauchbar für einen bestimmten Verwendungszweck. Dieser Satz gilt sogar für das verhältnismäßig eng umgrenzte Verwertungsgebiet, welches der Straßenbau den Bergarten bietet. Ein Gestein, welches sich für die Packlage noch recht gut eignet, kann für die Verschleißschicht gänzlich unbrauchbar sein; und auch die Verschleißschicht selber stellt wiederum je nach dem Verkehr recht verschiedene Anforderungen an ihr Gesteingerüst. Es ist daher widersinnig, in Vergebunsgbedingnissen usw. ganz allgemein gewisse Bergarten für die Verwendung zuzulassen und andere wieder davon auszuschließen. Außerdem entscheidet nicht die Bezeichnung eines Gesteins als Granit, Basalt usw. über die Tauglichkeit eines Vorkommens für den neuzeitlichen Straßenbau, sondern einzig und allein seine technischen Eigenschaften mit Rücksicht auf die betreffende, besondere Verwendungsart. Gegen diese Forderungen wird von den Straßenbauämtern oft verstoßen, indem sie schimmelmäßige Beurteilung der Bergarten anstreben oder gar vorschreiben.

a) Pflastersteine, Fliesen.

Pflastersteine müssen druck- und stoßfest sein; sie müssen den starken Hufschlägen der Pferde trotzen, Raddrücken von 700 bis 800 kg/qcm widerstehen und starke plötzliche Stöße auffangen. Man wird daher von Gesteinen für Straßenpflaster eine Druckfestigkeit von mindestens 1500 kg/qcm fordern dürfen. Bevorzugt werden: Granit, Basalt, Melaphyr, Diorit, Porphyr, Diabas, Syenit, Porphyrit, Andesit, harte Grauwacken usw. Hohe Druckfestigkeit darf aber nicht von Sprödigkeit begleitet sein. Die Steine müssen lassenfrei, vollständig wetterfest und maßhaltig sein. Die Erzeugung erfolgt meist durch bloßes Spalten, sonst durch Bearbeitung mit dem Spitzeisen; zuweilen werden die Flächen gestockt. Auf jeden Fall müssen die Kopfflächen rauh sein und bei der Abnützung auch rauh bleiben.

Mit den Anforderungen an Straßenpflastersteine beschäftigt sich das österr. Normenblatt Önorm B 3108.

Bezüglich der sichtbaren Korngröße der einzelnen Mineralien stellt Zelter (1927) nachstehende Forderungen auf:

Feldspat	1,35—0,91 mm Grobgut	
	0,90—0,56 „ Mittelgut	Unterteilungen im Bereiche der „feinkörnigen Granite" (Benennung nach Stiny).
	0,55—0,25 „ Feingut	
Quarz	1,05—0,76 „ Grobgut	
	0,75—0,51 „ Mittelgut	
	0,50—0,25 „ Feingut	
Dunkle Gemengteile	0,80—0,61 „ Grobgut	
	0,60—0,41 „ Mittelgut	
	0,40—0,25 „ Feingut	

Grobgut eignet sich für stärkere, Mittelgut für mittlere und Feingut für schwächere Steigungen und ebene Strecken.

An die Mosaikpflasterwürfel der „Betonmosaikstraße" stellt Karl Valina folgende Ansprüche: Die Würfel sollen 4 bis 6 cm Kantenlänge haben. Form: viereckig, womöglich rechteckig. Bergart: feinkörniger, harter Granit oder Basalt. Fuß- und Kopffläche der Würfel sollen eben und annähernd gleichlaufend sein. Die Fußfläche darf nicht kleiner als zwei Drittel der Kopffläche sein. Höhe der Würfel: nicht kleiner als 4 und nicht größer als 6 cm.

Wichtig wäre die Untersuchung auf Schubfestigkeit. Weichgesteine (Jurakalke, Muschelkalk, Buntsandstein usw.) sind abzulehnen. Das Gestein für Groß- und Kleinpflaster soll auch sonst von hoher Güte, völlig frisch und gesund, wetterfest, zäh und gleichmäßig gekörnt (nicht ungleichkörnig) sein; gute Spaltbarkeit (Bearbeitbarkeit) fördert die richtige Ausformung; würfelrechte Gesteine liegen besser in der Fahrbahn und verbilligen ihre Herstellung. Für die Beurteilung des Verschleißes bieten Schleifprüfungen bessere Anhaltspunkte als Sandstrahlgebläse. Spröde Gesteine eignen sich für Pflaster nicht (z. B. Basalte mit reichlicher glasiger Grundmasse oder mit viel Olivin).

Die Abnützung darf die Verschleißfläche des Würfels nicht glätten (feinkörnige Basalte!); sie muß stets rauh bleiben. Dabei dürfen sich die Kanten nicht rascher abnützen als die Mittelfelder (Katzenköpfe, Abb. 41); das Pflaster bekommt sonst eine holprige

Oberfläche. Die Katzenköpfe entstehen häufiger bei grobkörnigen als bei feinkörnigen Bergarten; auch das Gefüge, der Verband und der mineralische Bestand des Gesteins sind von Einfluß auf ihre Bildung. Die Wasseraufsaugung soll tunlichst gering sein; sog. „Wassersöffer" sind Zerstörungsherde der Fahrbahn (vgl. S. 88).

Ein Steinpflaster nützt sich um so gleichmäßiger ab und bleibt um so ebener, je kleiner der Kopf des zur Verwendung kommenden Pflastersteins ist; diese Erkenntnis verschafft dem Kleinsteinpflaster immer mehr Verwendungsmöglichkeiten.

Die Verwendbarkeit von Kleinpflaster in Steigungen hängt von der Körnung des Gesteins ab. Basalt wird, soweit er zur Glätte neigt, in Steigungen bis höchstens 3 bis 4 v. H., mittelkörniger Granit noch bis 6 oder 8 v. H. verwendet. Noch rauheres Gestein ist auch für größere Steigungen gestattet.

Abb. 41. Ausbildung von „Katzenköpfen" im Pflaster; sie machen die Fahrbahn holprig und kurzlebig.

Die Tracht soll möglichst richtungslos sein; Aplitadern (Gänge) stören im allgemeinen nicht (Wiener Pflaster); minder günstig ist Fließtracht oder Bändertracht, schlecht schiefrige Ausbildung.

Bei der Anarbeitung von Pflastersteinen ist darauf zu achten, daß ihre Kopffläche von der Lagerfläche (S. 38) gebildet wird oder ihr gleichläuft; das Gestein entwickelt nämlich senkrecht zur Lagerfläche seine größte Druckfestigkeit.

Größerer Gehalt an Glimmer ist unerwünscht. In Amerika weist man auch Würfel mit größerem Feldspatgehalt zurück.

Die von Zelter (1927) untersuchten, verwendbaren Granite hatten eine Mineralzusammensetzung von

	höchstens	mindestens	Mittel
	von Hundert		
Feldspat...............	70,95	44,95	60,89
Quarz..................	42,50	21,54	31,69
Dunkle Gemengteile	24,40	0,15	7,03
Nebengemengteile........	1,60	0,00	0,39

Walter Klein (1932) ordnet die von ihm untersuchten Basalte in vier Mustergruppen ein; die Grundlage hierfür bildet die Dünnschliffuntersuchung.

Gesteine der Mustergruppe 1 (Grundmasse feinkörnig, 0,01 bis 0,02 mm) eignen sich nicht für den Straßenbau; sie werden schnell glatt; ist überdies die Grundmasse, wie zumeist, glasig ausgebildet, dann brechen sie muschelig, zeigen sich spröde und splittern leicht.

Mustergruppe 2 (Grundmasse kleinkörnig; 0,02 bis 0,04 mm) wird gleichfalls rasch glatt; im übrigen widerstehen ihre Abarten jedoch der Abnützung durch den Verkehr außerordentlich gut; so besonders, wenn reichlich Einsprenglinge vorhanden sind (etwa 20 bis 23 v. H.).

Mittelkörnige Basalte (Gruppe 3; Grundmassekörner 0,05 bis 0,25 mm) bleiben rauh und halten sich in der Straßendecke ausgezeichnet; sie gehören zu den brauchbarsten Basalten überhaupt. Großpflaster aus ihnen soll 40 Jahre lang lebensfähig sein, Kleinpflaster nahezu unbegrenzt; die mittelkörnige Ausbildung der Grundmasse verhindert das Schlüpfrigwerden. Voraussetzung für die gute Bewährung dieser Bergarten ist jedoch die Vermeidung von Sonnenbrennern und von Abarten mit größeren Mineraleinschlüssen (brechen aus!), glasiger bis schlieriger Grundmasse (muscheliger Bruch, Absplittern der Kanten) oder sehr hohem Olivingehalte (brüchig!).

Großkörnige Basalte (Grundmassekörner 0,2 bis 0,8 mm; Gruppe 4) liefern in einigen Abarten auch noch recht brauchbares Pflastergut. Die lang erhalten bleibende Rauhigkeit macht sie für Steigungen verwendbar; sie sind aber abnützungsweicher als die Gesteine der Gruppe 2 und 3. Tafelige Ausbildung der Feldspäte begünstigt hin und wieder die Flächenbrüchigkeit (Spaltenbrüchigkeit), sehr lange Feldspatleisten das Abbrechen von Kanten.

Jener Riesenschotter (Deidesheimer), welcher aus 9 bis 13 cm starken Steinstücken gesetzt wird, nähert sich in seinem Aufbau bereits dem Beckpflaster; dieses ist eine besonders grobe Kleinpflasterart (Schneider, 1934), deren 7 bis 11 cm hohe, ganz unregelmäßige Steine in ein Splittbett hineingesetzt werden; das Beckpflaster eignet sich demgemäß mehr für nebensächlichere Straßen; als Gesteinstoff kann der Abfall des Steinbruches benützt werden, der sonst mangels Absatz oft auf die Halde gestürzt werden müßte. Das Vieleckpflaster wird aus Kleinsteinen zusammengefügt (unregelmäßiges Kleinpflaster), deren Kopffläche kein strenges Quadrat oder Rechteck ist; die Größe schwankt zwischen 8 bis 10 cm Durchmesser bei 8 bis 10 cm Höhe. Das Vieleckpflaster trägt gleich dem Riesensetzschotter und dem Beckpflaster zur besseren Ausnützung der Gesteinvorkommen bei; diese ist besonders für nicht spaltende Bergarten wirtschaftlich wichtig. Die Unvollkommenheiten der „Ersatzpflaster"-Straßen sollen womöglich mit Teer oder Bitumen ausgeglichen werden (Schneider, 1934).

Einige Angaben von örtlicher Gültigkeit mögen die Lebensdauer von Kleinpflaster beleuchten.

	Lebensdauer in Jahren		
	bei lebhaftem schwerem Ver- kehr	bei mittlerem Verkehr	bei schwachem Verkehr
Granitpflaster (nach G. Faver, 1933)	39, 44, 48	45, 46, 48	—
Hartbasalt auf Sandbettung (nach Faver)	43, 45, 48	43, 45, 48	52
Hartbasalt auf Beton oder Pack- lage (nach Faver)	41	—	—
Anamesit aus Brüchen bei Hanau (nach Faver)	26	30	43
Granit von Mauthausen (nach Voit)....................	19,6	18,3	19,0

Nandelstedt teilt über die Bewährung einiger Bergarten im Kleinsteinpflaster folgendes mit:

Granit. Feinkorn im gröberen oder mittleren Granit verschleißt langsamer als seine Umgebung. Wassersöffer gehen bald zugrunde. Gebirgsbaulich beanspruchter Granit bröselt ab. Rostbraun geränderter Granit taugt nur in selteneren Fällen. Im allgemeinen gute Bergart, wenn feinkörnig-mittelkörnig; grobkörniger Granit spaltet schlechter und läßt sich nicht legen.

Basalt. Grobkorn erhält die Steinoberfläche rauh. Nicht jeder Basalt spaltet gut. Achtung vor Sonnenbrennern!

Grauwacke. Pflasterstein wird von Hand hergestellt, verlegt sich daher besser. Dünne Lagen wasseransaugenden Zwischenmittels setzen die Widerständigkeit des Gesteins gegen Zerfrieren herab; solche Stücke dürfen ins Pflaster nicht eingebaut werden.

In Florenz bewährte sich ein Flyschsandstein des Apennins mit mehr oder weniger kieseligem Bindemittel sehr gut (Stiny, 1930); wie mir Prof. Maddalena mündlich mitteilte, nennt man ihn pietra forte und stellt ihn in die Kreidezeit. Nicht brauchbar für Pflastersteine ist der viel weniger druck- und wetterfeste Macigno (Maddalena, 1932).

Wichtig sind auch die Angaben amerikanischer Ingenieure über ihre Erfahrungen im Pflasterbaue. Im Jahre 1901 pflasterte man Main Street in Worcester (Mass.) mit gebrochenen Granitblöcken; die Abnützung bis zum Jahre 1915 war klein; man konnte beim Umpflastern zwei Drittel der Steine wieder verwenden.

Am Ende des Jahres 1913 gab es 348 Meilen Granitpflaster-
straßen in Philadelphia (Adler, 1924); davon lagen nicht weniger
als 325 Meilen auf einigen Zoll von Grobsand, „Schotterunterlage"
genannt. Da der größte Teil des Granitpflasters 30 Jahre oder noch
mehr alt war, mußte es in den Jahren 1912 bis 1924 ausgebessert
werden. Die Neulage schrieb vor, daß die Würfel 5 Zoll hoch und
4 × 6 Zoll im Geviert sein sollten; die Fugen hatten schmäler als
$1/_2$ Zoll zu bleiben. Die alten Würfeln waren von größeren, aber recht
verschiedenen Ausmaßen und wurden durch Zerteilen neu zugerichtet.

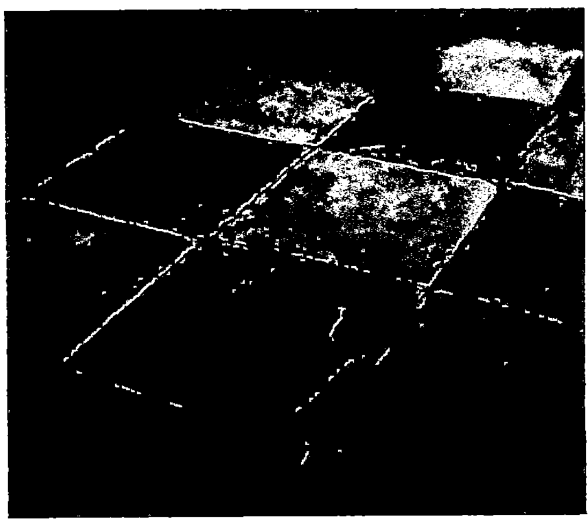

Abb. 42. Der gleichmäßig zusammengesetzte Marmor (hell) nützt sich auch gleichmäßig ab. Die dunklen Fließen dagegen nützen sich recht unregelmäßig ab; sie
bestehen aus Grünschiefer, in dem der leichter abnützbare Chlorit und die widerstandsfähigeren Mineralien Hornblende und Epidot ungleichmäßig verteilt sind.
Pfarrkirche von Völkermarkt, Kärnten. Eigenaufnahme 1932.

An Gesteinen waren vertreten: lichter Granit von New England
(fein- bis sehr grobkörnig), Basalt und ähnliche Gesteine von dem
Zuge, der Pennsylvanien und New Jersey kreuzt, einige Arten Gneis
von Maryland und Pennsylvanien und gelegentlich auch Sandstein von
verschiedener Herkunft. Die Bergarten bewährten sich verschieden.

Grobkörnige Granite wurden vom Verkehr am meisten und am
unregelmäßigsten abgenützt. Feinkörnige Granite und feinkörnige
Ergußgesteine nutzten sich weniger ab und behielten ihren recht-
eckigen Querschnitt besser; sie erforderten daher nur ein geringes,
neuerliches Zurichten, schlossen knapper aneinander und ergaben ein
hübscher aussehendes Pflaster. Die fein- und mittelkörnigen Gesteine
lieferten beim Zerteilen auch ebenere Flächen auf dem neuen Kopf
und den Seitenflächen. Grobkörnige Granite ergaben stets Ein-

bauchungen oder Ausbauchungen (camel backs) von $^1/_4$ bis $^3/_4$ Zoll. Die Gneise konnten nur von den geschicktesten Steinarbeitern wieder zugerichtet werden. Sandsteine verhielten sich verschieden; manche ließen sich ohneweiters zuformen, andere neigten dazu, nach den Schichtfugen zu zerspringen.

Erfahrungen an ausgebesserten Straßen lehrten, daß annähernd gleichmäßige Höhe der Würfel die Abnützung mehr beeinflußte als die Ausbildung der Stoßfugen und ihre Oberweite. Niedrigere Würfel erfordern eine dickere Unterlage als hohe; beim Stampfen werden nun niedrigere Blöcke stärker hinabgedrückt als hohe, weil sich ihre Bettung mehr zusammendrücken läßt. Um nun das üble Aussehen einer solchen Pflasterung zu vermeiden, stampft der Arbeiter die hohen Blöcke kräftiger als die niedrigen; der Verkehr erzeugt dann bald eine sehr holprige Oberfläche, welche mehr abgenützt wird als eine ebene. Im Durchschnitte konnten von den alten Blöcken bloß 50 bis 60 v. H. neu zugerichtet und wieder verwendet werden; nur in Ausnahmsfällen konnte mit den geteilten Blöcken eine gleiche oder eine etwas größere Oberfläche wiedergepflastert werden. Als Unterlage wurde in den letzten Jahren meist Sandzement verwendet.

Fliesen sollen sich gleichmäßig abnützen und nicht abschilfern (Abb. 42) oder sich muldig austreten; am schädlichsten sind Tongallen; übrigens machen sich auch schon leise Ungleichmäßigkeiten in der Gesteinzusammensetzung störend bemerkbar. Sehr gut eignet sich Untersberger Marmor für Fliesen, ebenso feinkörnige Weißmarmore, minder gut „Kehlheimer" Platten; letztere halten übrigens meist 80 bis 120 Jahre lang Fußgeherverkehr aus.

Übersicht der Eigenschaften guter Gesteine für Fahrbahnen.

Pflaster	Schotter
Leichte Bearbeitbarkeit (Spaltbarkeit)	—
Wetterbeständigkeit	Wetterbeständigkeit
Kantenstoßfestigkeit	Kantenstoßfestigkeit
Dauerschlagfestigkeit	Dauerschlagfestigkeit
Geringe Abschleifung	Geringe Abschleifung
	Geringe Zertrümmerbarkeit
Hohes Raumgewicht	Hohes Raumgewicht
	Gute Bindefähigkeit bzw. Haftfähigkeit
Sehr geringe Wasseraufnahme	Sehr geringe Wasseraufnahme
	Entsprechende Korngröße u. -form
Gleichmäßige, aber rauhe und geringe Abnützung	

Grundbau (Packlage).

Daraus ergeben sich zwanglos nachstehende Prüfvorgänge für

Pflastersteine	Schottergut
Bestimmung des Raumgewichtes	Bestimmung des Raumgewichtes
Bestimmung d, Wasseraufnahme	Bestimmung d. Wasseraufnahme
Bestimmung der Abnutzbarkeit im Sandstrahlgebläse und auf der Schleifscheibe	Bestimmung der Abnutzbarkeit auf der Schleifscheibe, nach Geschmack allenfalls auch in der Karlsruher Trommelmühle
Bestimmung der Wetterbeständigkeit (Frostfestigkeit)	Bestimmung der Wetterbeständigkeit (Frostbeständigkeit)
Bestimmung des Widerstandes gegen Stoß und Schlag	Bestimmung des Widerstandes gegen Stoß und Schlag; Dauerfestigkeit
Mikroskopische Untersuchungen	Mikroskopische Untersuchungen
Bestimmung der Druckfestigkeit (nur bei noch nicht näher bekannten Vorkommen, im Zweifelfalle usw.)	Bestimmung der Druckfestigkeit (wie nebenan)
	Bestimmung der Korngröße
	Bestimmung der Korngestalt
Bestimmung der Oberflächenbeschaffenheit nach der Abnützung	Bestimmung der Kornoberflächenbeschaffenheit
	Bestimmung des Haftvermögens (bei Teermakadam- und ähnlichen Fahrbahndecken)
	Bestimmung der Hitzewiderständigkeit

Besichtigung und Untersuchung des Gesteins an Ort und Stelle im Steinbruche.

Prüfgut: 10 bis 12 Groß- oder 20 bis 30 Kleinpflastersteine	Prüfgut: Etwa 50 kg Grobschotter und außerdem etwa 3 rohe, unbehauene Blöcke von Bruchsteingröße

b) Grundbau (Packlage).

Für die Packlage einer Straße benötigt man keine erstrangige Bergart; man kann sich bis zu einem gewissen Grade sogar mit minderwertigem Gestein begnügen. Auf österreichischen Straßen haben sich sogar Basalttuffe mit nur 250 bis 300 kg Druckfestigkeit bewährt. Unverwendbar sind hauptsächlich Gesteine mit tonigen Beimengungen (Mergel, mergelige Sandsteine) und andere Bergarten, welche Wasser aufsaugen und weiterleiten.

c) Zuschlagstoffe im allgemeinen (Füller, Sande, Schotter).

Zuschlagstoffe für Beton usw. (z. B. Kiese und Sande) sollen einen tunlichst geringen Lückenraum besitzen (Ersparnis an Zement und Bitumen, höhere Festigkeit). Brauchbare Mischungen stellt man unter Berücksichtigung der Siebergebnisse aus Versuchsreihen zusammen (Einrütteln und Einstampfen; Ermittlung des Lückenraumes nach S. 34; häufige Wiederholung mit geänderten Mischungsverhältnissen!). Wichtig sind u. a. auch die Arbeiten von A b r a m und von S t e r n, auf die aber nur verwiesen werden kann.

Gefordert wird meist auch hohe Reinheit des Zuschlaggutes (Entstauben des Splittes, Entlehmen; Waschanlagen, wo erforderlich!). Reichliche Anwesenheit von Eisenoxydhydrat, die sich durch lebhaft braune oder rote Farbe des Sandes verrät, ist unerwünscht. In vielen Fällen muß empfohlen werden, auf die Anwesenheit von schwefeliger Säure und von Schwefelsäure zu prüfen (namentlich für bewehrten Beton). Schädlich sind weiter Gips, Anhydrit, Humusstoffe, Asche, organische Reste usw. Die Festigkeit vermindern glimmerreiche Gesteine (Wasserentzug) und so weiter; Glimmer kann durch Windsichter bis zu gewissem Grade entfernt werden.

Die F ü l l e r haben die Aufgabe, Hohlräume auszufüllen, welche selbst bei günstiger Abstufung der Körnungen noch verbleiben; sie tragen mit ihrer hohen Oberflächenentfaltung zur Absättigung großer Mengen von Bindemittel bei; man verwendet Kalkmehl, Feinasbest (Mikroasbest), Talkum u. a. m.

S a n d e müssen frei von Ton sein (Quarzsande, Urgesteinsande usw.) und dürfen nur ganz wenig Glimmer führen (vgl. S. 42). Ihre Reinheit zeigt sich, wenn man eine Handvoll in ein Glas mit Wasser füllt; man schüttelt kräftig und beobachtet das Absetzen. Genauere Ergebnisse liefert eine Schlämmung (S. 18). Häutchen von kleinchenartigem Eisenhydroxyd auf der Oberfläche des Quarzkorns begünstigen das Haften von Teer und ähnlichen Stoffen.

Für manche Verwendungszwecke verlangt man kantigen Sand; als Güteprüfung der Kantigkeit schlägt O b e r b a c h (1929) Schleifprüfungen vor. Die Widerständigkeit der Kanten gegen Abschleifen wird freilich von der Sprödigkeit sehr beeinflußt und ist auch abhängig von dem Winkel, den die kantenbildenden Flächen miteinander einschließen (Spitzkantigkeit, Stumpfkantigkeit usw.).

Der Splittzusatz der Verschleißschicht muß annähernd gleichausmaßig geformt sein (am besten würfelig, doppelt gebrochener Edelsplitt). Aber auch beim Schotter verlangt man Rauheit, Reinheit, Kantigkeit und Gleichausmaßigkeit. Langformen und flache Scherben betten sich nicht fest ineinander; der Verkehr hebt sie heraus und erzeugt Lockerstellen, die gar bald zu Lücken werden. Für die Erprobung der Abnutzbarkeit und Dauerfestigkeit gegen Stoß können u. a. mit gewissen Einschränkungen auch Kollergänge und die Karlsruher Trommelmühle herangezogen werden.

Österreichische Bezeichnungsweise für Zuschlagstoffe.
(Reichsdeutsche Bezeichnungen siehe S. 21.)

Bezeichnung		Korngröße
Verreibsande	1. Feinglättsand, Gemenge	bis 0,5 mm
	2. Grobglättsand	„ 2,0 „
Mauer- und Putzgut	3. Feinmörtelsand	bis 5,0 mm
	4. Mörtelgrus	„ 8,0 „
	5. Grobmörtelgrus	„ 12,0 „
Betongut	6. Deckenfeinsplitt	bis 18,0 mm
	7. Deckensplitt	„ 25,0 „
	8. Betonschotter	„ 65,0 „
	9. Grobbetonschotter	„ 120,0 „

d) Teerstraßen und verwandte Fahrbahndecken.

Gesteine, welche das Gerüst von Teermakadamstraßendecken bilden sollen, müssen auf Hitzebeständigkeit geprüft werden (S. 57).

In den U. S. A. verlangt man, daß Steinsplitt für Oberflächenbehandlungen aus reinen, harten, widerstandsfähigen Stücken bestehen soll; er muß frei von Staub oder anderen nachteiligen Stoffen sein und darf nicht mehr als 5 v. H. dünne, längliche Stücke enthalten. Die Abnützung des verwendeten Splittes soll niedrig sein (unter 6 v. H.), die Zähigkeit dagegen groß; staubiges Gestein ist ungeeignet, da der Staub zusammenballt und auf dem Überzug fette und magere Stellen entstehen.

Nach Kosetschek (1932) verwendet der Asphalt- und Teerstraßenbau Österreichs für die Binderschicht meist Kalkstein, für die Verschleißschicht Basalt, Porphyrit und Diabas; Granulit und Granite konnten sich noch wenig Eingang verschaffen. Auf der Triester Bundesstraße haben sich verschiedene, gute Kalksteine, wie z. B. mittelzeitliche Kalke und Dolomite von Deutsch-Altenburg bisher nicht schlecht bewährt.

Vespermann (1926) hielt Weichgesteine insofern für besonders geeignet, weil sie sich in der Regel mit Teer gut tränken lassen und am Teer fest haften. Voraussetzung für die Zulässigkeit von Weichgesteinen ist jedoch, daß die Bergart dem Hitzegrade des verwendeten bituminösen Bindemittels standhält. Grauwacke hat sich minder gut bewährt. Für starken Verkehr und schwere Lasten reichen Weichgesteine nicht aus; hier muß man zu Hartgesteinen greifen. Erwünscht sind Bergarten, deren Bruchflächen rauh sind.

Versuchstrecken bei London zeigten, daß Hartgestein, wie z. B. Granit, sich unvergleichlich langsamer abnützt als weicherer Sandstein oder Kalkstein. Manche Granite aber haben sich wieder nicht bewährt; der Teer löste sich beim Abkühlen von der Oberfläche der Steine los (Granite mit glatten Bruchflächen); andere Abarten wurden infolge der Erhitzung beim Aufbringen der Straßendecke brüchig und zerspalteten unter der Verkehrslast.

Von großer Bedeutung für die Haltbarkeit und den Verschleiß der Decken ist nach Vespermann (1926) die Gleichmäßigkeit des Gesteingutes; ungleiche Eigenschaften der Schotterstücke im Mischgut bedingt ungleichmäßigen Verschleiß; er führt zunächst zur Bildung von Unebenheiten an den Punkten und Stellen geringerer Widerständigkeit; später entstehen Schlaglöcher und schließlich ernstere Zerstörungen. Es soll daher für Fahrbahndecken aller Art nur Gestein von ganz gleichmäßiger Beschaffenheit verwendet werden.

Die Gestalt der Gesteinstücke spielt, wie schon Vespermann (1926) ausgeführt hat, in der Teermakadamdecke eine wichtige Rolle. Kantschotter bildet ein festeres Korngerüst als Rundschotter. Längliche und flache Stücke betten sich nicht fest; lagern sie hohl auf, dann werden sie leicht durchgedrückt; sie können aber auch bei satter Auflagerung leicht vom Verkehr abgehoben werden. Würfelige Stücke verspreizen sich so innig, daß jede Feinbewegung der Steine gegeneinander infolge des Verkehrs ausgeschlossen ist; dadurch wird auch vermieden, daß die Steine sich gegenseitig zermalmen. Man soll daher nur Schotter von möglichst vollkommener Kornform verwenden.

Beim Aeberli-Verfahren verwendete man allerdings in Bayern mit Erfolg auch runde Kalkschotter.

DIN Blatt 1995 enthält die Vorschriften für die Prüfung von Asphalt und Teer, sowie Asphalt und Teer enthaltenden Massen, soweit sie in Straßen-, Tief- und Hochbau verwendet werden (Ausgabe 1929).

In Österreich empfiehlt der Verband der österreichischen Straßengesellschaften nachstehende Stein-Baustoffe:

Feinschotter ...	25	bis 35	mm	K 35	
Grobsplitt......	18	„ 25	„	K 25	
Feinsplitt	12	„ 18	„	K 18	
Grobgrus	8	„ 12	„	K 12	
Feingrus	5	„ 8	„	K 8	
Grobsand	2	„ 5	„	K 5	
Mittelsand	0,5	„ 2	„	K 2	
Feinsand	0,2	„ 0,5	„	K 0,5	
Staub	0,086	„ 0,2	„	K 0,2	
Mehl	0,01	„ 0,086	„	K 0,05, K 0,086	

(Die ersten sechs Zeilen unter der Klammer: Gebrochenen)

Die mineralischen Baustoffe müssen rein, insbesondere tonfrei sein. Die gebrochenen Körnungen sollen gedrungene Kornform haben und scharfkantig sein.

e) Betonstraßen.

Die Korngrößenzusammensetzung der Zuschlagstoffe strebt den erzielbaren kleinsten Porenraum an; hierfür hat Grün ein Verfahren ausgearbeitet. Vgl. auch die Arbeiten von Stern, O. Graf u. a.

Das österr. Merkblatt für Bau und Instandhaltung von Betonstraßen schreibt „Reinheit" der Zuschlagstoffe im Sinne der Önorm B 3109 vor; der Gesamtgehalt an Sulfaten und Sulfiden darf 0,3 Gewichtshundertstel (als SO_3 berechnet) nicht überschreiten. Die Gesteine und Schlacken für Verschleißbeton sollen mindestens 1800 kg Druckfestigkeit haben und in der Trommelmühle eine Abnützung von höchstens 12 v. H. besitzen; das Raumgewicht darf nicht unter 2,5 liegen; die Gesteine müssen auch sonst der Önorm B 3109 entsprechen. Das Gemenge muß aus verschiedenen Körnungen zweckmäßig zusammengesetzt sein (etwa aus KP 0/5, KP 5/12 und KP 12/25).

Für den Unterbeton zweischichtiger Bauweisen sind Rund- und Kantstücke geeignet, welche den Anforderungen der Önorm B 3109 entsprechen. Die Körnung soll P 0/50 oder ein zweckmäßig zusammengesetztes Gemenge verschiedener Körnungen sein (etwa aus den Körnungen P 0/5, P 5/12, P 12/25, P 25/50).

Der Verband der österr. Straßenbaugesellschaften empfiehlt für den Unterbeton ein Gemenge von Rund- oder Schlägelschotter und Sand, für den Deckbeton gebrochenes Hartgestein oder geeignete Hochofenschlacke (bei leichtem Verkehr und für Gehwege auch sonstige feste Gesteine oder natürlichen oder gebrochenen Kiessand), und zwar:

Grobsplitt .. 18 bis 25 mm K 25   Grobgrus .. 8 bis 12 mm K 12
Feinsplitt .. 12 „ 18 „ K 18   Feingrus .. 5 „ 8 „ K 8

und Quarzsand (ausnahmsweise gebrochenen Sand aus hartem Gestein) oder Hochofenschlackensand bis 5 mm K 5. Die mineralischen Baustoffe müssen rein, insbesondere tonfrei sein und sollen gedrungene Kornform besitzen.

Für deutsche Verhältnisse geben G. Wieland und K. Stöcke (1934) empfehlenswerte Kornzusammensetzungen an.

J. L. Becket (1934) empfiehlt Granit und „Whinstone" für Betonstraßen. Ungarn verwendet meistens Basalt (R = 2,54, rauher Bruch, würfelige Korngestalt, hoher Abschleifwiderstand), außerdem auch Andesit u. a. m. Kalksteinbeton gibt nach Hász (1934) auf den ungarischen Straßen jenem aus Andesit oder Basalt an Festigkeit nichts nach, doch ist seine Abnützung größer; man wird ihn daher bloß dann verwenden, wenn Hartgestein nur mit größeren Kosten beschafft werden kann.

Betonfahrbahndecken werden auf Querbiegung beansprucht; hier sind daher Balkenproben am Platze.

f) Gewöhnliche Steinschlagdecken.

In gewöhnlichen Steinschlagdecken entsteht zuweilen bei der Abnützung durch den Verkehr eine kittende, erhärtende Masse, welche nicht nur die Hohlräume in der Decke schließt, sondern der Decke auch eine größere Widerständigkeit verleiht; Gesteine, bei welchen eine derartige „Bindung" des Deckengerüstes eintritt, bezeichnet man als „gut bindend" (vgl. S. 71). Nach Vespermann (1934) unterschied man nachstehende Gruppen von Gesteinen je nach der Fähigkeit ihrer Stücke, sich in der Decke gegenseitig zu binden:

1. **fest und gut bindend:** Basalt, Porphyr, Granit, Urkalk usw.;

2. **fest aber mager:** Gabbro, Grünstein, Syenit, Hornblendegestein, Quarzfels, Grauwacke, Keupersandstein usw.;

3. **weniger fest, aber gut bindend:** Muschelkalk;

4. **weniger fest und mager:** Buntsandstein u. a. Sandsteine.

g) Wasserglasstraßenbau.

Die Wasserglasstraße hat ein beschränktes Anwendungsgebiet. Sie taugt für feuchte, schattige Lagen und sehr schweren Verkehr nicht.

A. Peter (1928) berichtet über Erfahrungen auf Wasserglasstraßen im Schweizer Jura. Wo harter Kalkstein bei einem mittleren Tagesverkehr von 400 bis 500 t verwendet worden war, hielt die Wasserglasstraße der ihr zugemuteten Beanspruchung nicht stand; sie mußte nach einem Jahre mit Oberflächenteerung versehen werden. Auch mittelharter Schotter bewährte sich nicht sehr. Weicher Kalkschotter zeigte dagegen bei einer Beanspruchung von 350 t im Tagesmittel weit geringere Abnützung; mit weichem Kalkschotter hergestellte Straßen werden aber bei heftigem Regen leicht angegriffen und schlüpfrig. Alles in allem genommen, empfehlen sich die Wasserglasstraßen, wenn geeignetes Gestein zur Hand ist und der Verkehr 300 t je Tag nicht überschreitet.

Für Wasserglas- (Silikat-) Straßen widerrät Grengg Gesteine, welche infolge Absorption des Alkalis aus dem Wasserglase Kieselsäureegel ausfällen, wie z. B. kaolinreiche Gesteine, manche Basalte und ähnliche jugendliche Ergußgesteine. Für derartige Fahrbahndecken ist es günstig, wenn das Gestein eine tunlichst große, wechselwirkungsfähige Oberfläche entwickelt.

Im allgemeinen eignen sich besonders gut tonfreie, rissearme bis rissefreie Kalksteine oder Dolomite, deren Festigkeit 1000 kg/qcm übersteigt, deren Bruch rauh ist und deren Frostbeständigkeit befriedigt.

F. Einige Winke für die Probenahme und den Bezug des Naturgesteins.

a) Probenahme im Steinbruche.

Die Probenahme an Ort und Stelle im Steinbruche erfolgt häufig dann, wenn man das Vorkommen noch nicht näher kennt und man sich davon überzeugen will, ob es sich für die Herstellung bestimmter Verkehrswege eignet oder nicht.

Die entnommene Probe muß in jeder Beziehung ein Muster des Gesteins darstellen. Nur in seltenen Fällen darf man anstreben, eine Durchschnittsprobe eines Vorkommens zu entnehmen; in der Regel wird es erforderlich sein, durch eine gesteinkundliche Voruntersuchung so viele Abarten und Abänderungen der Bergart auseinanderzuhalten, als der Verwendungszweck erfordert; dann ist von jeder Ausbildungsart eine Probe zu nehmen und getrennt für sich zu untersuchen. Aus offensichtlichen Quetschstreifen, Zerrüttungsstreifen (Ruschelstreifen), Verwitterungsschwarten u. s. w. Proben zu entnehmen, erübrigt sich; derlei Gestein gibt sich schon d. f. Au. als unverwertbar zu erkennen. Die Klüftung des Gesteins ist strenge zu beachten.

Auf Probeblöcken von Festgestein ist der Ort ihrer Entnahme und ihre Lage zu den Schichtfugen und Kluftscharen zu vermerken. Zerfällt das Gestein in nicht allzugroße Grundkörper, so wählt man einen oder mehrere davon als Probeblöcke aus; man vermeidet so sicherer Stücke, welche durch die Gewinnung, Zerteilung oder Zurichtung Schaden genommen haben. In wichtigen Fällen bringt man auf den Probestöcken selber oder an ihrer Verpackung Siegel an, um Verwechslungen (beabsichtigten oder unbeabsichtigten!) vorzubeugen.

Die Menge des Probegutes hängt u. a. von der beabsichtigten Verwendungsart und von der Beschaffenheit des Gesteins ab. So erheischen z. B. grobkörnige Gesteine im allgemeinen größere Prüfungseinheiten als feinkörnige, Schottergut kleinere Prüfstücke als Hausteine. Es gewährt nur einen rohen Anhaltspunkt, wenn man sagt, daß zur Prüfung von

Pflastersteinen: 10 Großpflaster- oder etwa 25 Kleinpflastersteine,
Bruchstein: 3 unbehauene Steinblöcke etwa 30 × 30 × 30 cm,
Schotter: rund 50 kg Schotter von 40 bis 50 mm und 3 Steinblöcke 20 × 20 × 30 cm

nötig sind. Wo die Ausbildung des Gesteins im Bruche übergangsweise wechselt, genügt es, von den Hauptmustern Probegut in der bezeichneten Menge zu entnehmen; von sämtlichen übrigen Abarten zieht man kleinere Proben für Dünnschliffuntersuchungen und so weiter.

Die Bruchbesichtigung ist auch insofern wichtig, als sie die Beurteilung der Leistungsfähigkeit des Steinbruchbetriebes gestattet; man wird große Lieferungen nicht an kleine Betriebe vergeben, deren Weiterentwicklung unsicher ist und die Lieferfristversäumnisse befürchten lassen. Der Straßenbauer muß die Gewähr haben, daß er den benötigten Baustoff zeitgerecht in der erforderlichen Menge und in gleichmäßiger Güte erhält. Die Vergebung größerer Lieferungen ist eine Vertrauenssache; man zieht daher oft bekannte und bewährte Bruchbesitzer trotz etwas höherer Preise nichtbewährten Unternehmungen vor.

Nach der Untersuchung der Probestücke bestimmt man jene Stellen im Steinbruche, von welchen die Lieferung zu bestreiten ist.

b) Probenahme aus Lieferungen. Gesteinübernahme.

In ähnlicher Weise geht man auch bei der Probenahme aus Lieferungen vor (Stichproben).

Man würde den Vorteil des Straßenbaues am besten wahren, wenn man den Baustoff im allgemeinen im Steinbruche übernehmen würde. Der Ingenieur geht doch bei der Beschaffung von Stahl, Eisen, Zement usw. ähnlich vor. Ein Vertreter der Straßenbauleitung oder der Unternehmung (Geologe, Gesteinkundler, erfahrener Ingenieur mit gesteinkundlichen Kenntnissen) sollte laufend im Steinbruche Schotter, Splitt, Pflastersteine, Bruchsteine usw. übernehmen; nicht maßhaltiges oder faules, angewittertes, schlechtes Gut wird ausgeschieden und bleibt an Ort und Stelle, ehe es den Bruchbesitzer noch mit Frachtauslagen belastet. Die Reibungsflächen zwischen Empfänger des Baustoffes und Lieferer werden dadurch zwar nicht ganz beseitigt, aber doch verringert. Der Vorgang der Übernahme vollzieht sich abseits der Baustelle, auf welcher ohnedies gewöhnlich Raumnot herrscht; die Zurückweisung minderwertiger Lieferungen am Erzeugungsorte ruft weniger leicht Stockungen in der Versorgung der Arbeitsplätze mit Baustoff hervor; der Einbau des Gesteingutes geht flotter vonstatten, da man auf die Güte des Angelieferten nicht mehr zu achten braucht. Die Vorteile der Anwesenheit eines Übernehmers am Erzeugungsorte wiegen die Kosten des Vorganges, der sich in Österreich bei einigen Bauten bereits sehr bewährt hat, um ein Mehrfaches auf.

Anhang.

Faustregeln für die vorläufige Beurteilung von Gesteinen für den neuzeitlichen Straßenbau.

Beobachtete Eigenschaft	Wertung	
	gut	schlecht oder doch verdächtig
Farbe	glänzend, mehr oder minder kräftig, haltbar	matt, rostig, schmutzig, rostfleckig, helle Flecken mit weißen Fortsätzen auf dunklem Grunde (Sonnenbrenner z. B.), rasch umschlagend.
Geruch beim Anhauchen	fehlt	stark erdig oder kräftig tonig (z. B. vertonte Feldspäte, mergeliges oder toniges Bindemittel bei Sandsteinen).
Frische Bruchfläche	ebenflächig, flachmuschelig, rauh, gleichmäßig	ungleichmäßig hackig bis splittrig, tiefmuschelig, graupelig (Sonnenbrenner z. B.), sehr glatt (Bindemittel haften nicht) bis glasig (Pflastersteine werden schlüpfrig), erdig, grubig.
Tracht	massig, richtungslos	schlierig, stark flasrig, dünnschiefrig, stark gestreckt.
Mineralische Zusammensetzung	frische Körner von Quarz, Hornblende, Augit, Granit; mäßig viel glänzender Feldspat	Kiese (Schwefelkies usw.), viel Glimmer, trübe oder erdige Feldspäte (mit dem Fingernagel bereits ritzbar).
Härte	der Großteil der Mineralien mit dem Messer nicht ritzbar	der Großteil der Mineralien m. d. Messer ritzbar. Bezieht sich jedoch nicht auf Kalkstein, Dolomit, Serpentin.
Festigkeit	mit dem Hammer schwer zu bearbeiten; zähe, kantenfest; flache Splitter schwer zu zerbrechen; nicht abfärbend	sehr spröde, leicht zerschlagbar, Kanten und flache Scherben brüchig; abfärbend (kreidig, graphitisch, tonig).
Absonderung	weitständig, regelmäßig, viereckig oder säulig	engständig, unregelmäßig-vielflächige Zerhackung, kleinkugelige Absonderung.
Gefüge	tunlichst dicht geschlossen	lückig, schlackig, schaumig, blasig, röhrig.
Gew. beim Abwiegen i. d. Hand	schwer	leicht.
Korngröße	klein-, fein- oder mittelkörnig	grob- bis großkörnig.
Erhaltungszustand und Beschaffenheit der Mineralien	rissefrei glänzend unverfärbt	rissig (z. B. Sanidin, Olivin); matt bis trübe; verfärbt, oft rostig angelaufen oder gebleicht (Dunkelglimmer).
Verwitterungskruste an älteren Stücken	fehlt oder dünn, fast häutchenartig	dick, entweder heller gefärbt (bei dunklen Gesteinen) oder dunkler als der Kern (bei hellen Bergarten); meist schmutzigbraun bis rostfarben.
Fremde Beimengungen	fehlen	Tongallen und andere Einschlüsse aller Art.

Auswahl aus dem Schrifttum.

Vollständigkeit wurde nicht angestrebt. Die Abkürzungen erfolgten fast ausschließlich im Sinne der Regeln des Normblattes DIN 1502 (siehe Kurztitelverzeichnis des Deutschen Verbandes Technisch-Wissenschaftlicher Vereine).

Gesteinprüfung im allgemeinen.

Berg Georg, Über d. Bewertung v. natürlichen Gesteinen f. bautechnische Zwecke. Abh. z. prakt. Geol. u. Bergwirtschaftslehre 1928, Bd. 15, S. 1—64. — Welche petrographischen Eigenschaften sind f. d. technische Eignung d. Gesteine v. besonderer Wichtigkeit? Int. Kongr. f. Mat.-Prüf., Zürich 1931.

Burchartz H. G., **Saenger u. K. Stöcke**, Technische Gesteinprüfung. Zusammenhänge zw. petrogr. Beschaffenheit u. physikal.-techn. Eigenschaften. Mit 24 Abb. u. 12 Zahlentaf. 1933, 23 S. (Forsch.-Arb. Ing.-Wes.), H. 358.

Finkh L., Natürliche und künstliche Steine, mineral. u. petrogr. Eigenschaften. Prüfungsmethoden. 1. Mitt. d. Neuen Verb. f. Mat.-Prüf., Gruppe B., Zürich 1930, S. 21.

Gaber, Neuere Verfahren technischer Gesteinprüfung. S. 289. Z. deutsch. Geolog. Ges., H. 6, Bd. 81, Berlin 1929. — Neuere Gesteinuntersuchungen d. Versuchsanstalt f. Holz, Stein, Eisen a. d. Technischen Hochschule Karlsruhe. S. 348. Z. deutsch. Geol. Ges., H. 6, Bd. 82, 1930.

Gary M., Prüfung natürlicher Gesteine. S. 47—73. Mitt. a. d. techn. Vers.-Anst. 1897.

Grengg R., Über zweckmäßige Darstellung d. Prüfungsergebnisse v. natürlichen Gesteinen. 1926, H. 24. — Über d. Bewertung v. natürlichen Gesteinen f. bautechn. Zwecke. W. Knapp, Halle (Saale) 1928, 64 S., m. 8 Abb. i. Satz u. 1 Taf. — Zur Frage d. petrograph. Charakterisierung v. Gesteinen f. bautechnische Zwecke. Steinindustrie, Berlin 1930, H. 7/9. — Anwendung mineralogischer u. petrographischer Erkenntnisse auf d. techn. Materialprüfung d. nichtmetallischen anorg. Stoffe. 1. Mitt. d. Neuen Intern. Verb. f. Mat.-Prüf., Gruppe B, Zürich 1930, S. 13.

Hirschwald J., Die Entwicklung d. Baugesteinprüfung a. d. ehemaligen Versuchsanstalt u. d. gegenwärtigen Prüfungsamt zu Berlin. S. 30—48. Bautechn. Gesteinunters., 3. Jahrg., 1912, H. 1.

— Bautechn. Gesteinunters. Berlin 1897. — Leitsätze für d. prakt. Beurteilung, zweckmäßige Auswahl u. Bearbeitung natürl. Bausteine. Berlin 1915, Gbr. Bornträger. — Theorie u. Praxis d. bauwissenschaftl. Gesteinuntersuchungen. Bautechn. Gesteinunters., 2. Jahrg., 1911, H. 2.

Humphrey Richard L., Organization, Equipment and Operation of the Structural — materials testing Laboratories at St. Luis, Mo. Washington 1908, 84 S. m. 25 Taf. und 9 Bildern i. Satz.

Quitmeyer, D. Prüfung künstl. u. natürl. Bausteine. Grundu. Gerüstbau 1925, H. 8, S. 74—77.

Sander B. u. Sachs G., Zur röntgenoptischen Gefügeanalyse v. Gesteinen. Mitt. dtsch. Mat.-Prüf.-Anst., Sonderheft 17, S. 70—79, m. 24 Abb., Berlin 1931.

Schwinner R., Eine technologische Diagnose im Kristallin. Mineralog. u. Petrogr. Mitt., 1931, Bd. 42, H. 1, S. 59—63.

Stiny Josef, Technische Gesteinkunde. Wien, J. Springer 1929, 550 S. m. 422 Abb.

Stübel,, Kritische Betrachtung d. Materialprüfungszeugnisse über natürl. Gesteine. Wass.- u. Wegebau-Z. 1931, H. 20/21.

Taschenbuch f. d. Stein- u. Zementindustrie. Herausgeg. v. A. Saucke, 1931, 29. Jhrg., 229 S., RM 6,—.

Prüfverfahren f. natürliche Gesteine. Tonind.-Ztg., 55. Jhrg., 1931, Nr. 97, S. 1344.

Vorschlag f. Prüfverfahren f. natürliche Gesteine. Zwanglose Mitt. deutsch. Verb. Mat.-Prüf. VDS-Verlag G. m. b. H., Berlin, Juli 1926.

Prüfung der Straßenbaugesteine im allgemeinen.

Burchartz H., Straßenbaumaterial. Tonind.-Ztg., 12. Nov. 1927, Nr. 91, Jhrg. 51, S. 1658—1660. — Vorläufige Leitsätze f. d. Prüfung v. natürlichen Gesteinen als Straßenbaustoff. Straßenbau 1927, H. 10. — Zur Frage d. Vereinheitlichung v. Lieferungsbedingungen u. Prüfverfahren f. Schotter als Straßenbau- u. Gleisbettungsstoff. Straßenbau, 10. März 1928, H. 8, Jhrg. 19, S. 117/18. — Die Verfahren zur Prüfung an Straßenbau- u. Gleisbettungsstoffen auf Widerstandsfähigkeit gegen statische u. dynamische Beanspruchungen. Verh. Züricher Kongr. d. J. V. M., Zürich 1932, Verlag d. J. V. M., Bd. 1, S. 556—568.

Fritz Otto, Tonind.-Ztg. 1932, H. 61.

Gaber, Prüfung u. Beurteilung v. Straßenschotter u. Pflastersteinen. Zbl. Bauverw. 1927.

Graefe Ed., Zur Vereinheitlichung d. Untersuchungsmethoden i. Straßenbau. Asphalt- u. Teerind.-Ztg. 1927, H. 35, S. 901—906.

Greger O., Über d. Untersuchung v. Bausteinen u. Straßendeckstoffen. Straßenbau 1927, H. 3, S. 47.

Grengg R., Über d. Untersuchung v. Bausteinen u. Straßendeckstoffen. Straßenbau 1927, S. 108—110. — Über zweckmäßige

Prüfungsverfahren v. Gesteinen f. Straßenbauzwecke. Allg. Ind.-Verlag, Berlin No 43. — Steinbruch u. Straßenbau. Z. Int. Bohrtechniker-Verb., 20. Feber 1928, Nr. 4, Jhrg. 36, S. 49—55. — Ermittlung d. Abnützung v. Straßenschotter. Steinindustrie 1927, H. 1, S. 12/13. — Neuere Erfahrungen bei Untersuchungen v. Straßenbaustoffen. Petroleum, 26. Bd., Nr. 41, 1930, S. 3. — Straßenbaustoffuntersuchungen m. geringen Mengen v. Prüfgut. Mikrochemie 1930, S. 281 ff. — Bemerkungen zu „Vorläufige Richtlinien f. d. Prüfung v. natürl. Gesteinen als Straßenbaustoff." Asphalt- u. Teerind.-Ztg. 1927, H. 35, S. 906—914. — Neuere Erfahrungen bei Untersuchungen v. Straßenbaustoffen. 5. österr. Straßentag, Wien 1930, S. 84—97.

Hentrich H., Bericht über d. Reise nach London zum Studium d. Automobilstraßen. Berlin 1925, Selbstverl. Stud.-Ges. f. Automob.-Straßenbau.

Hill C. S., Selection of Materials stressed in Connecticut penetrated Stone Roads. Engng. News Rec. 107, 1931, S. 972/973.

Hirschwald J. u. Brix J., Untersuchungen an Steinschlagdecken behufs Gewinnung einer Grundlage f. d. Prüfung d. natürlichen Gesteine auf ihre Verwendbarkeit als Straßenbaumaterial. Bautechn. Gesteinunters., H. 8, Berlin 1921.

Hoeffgen Hermann, Abgekürzte Verfahren z. mechan. Prüfung v. Straßenbaugesteinen. Dissert. Karlsruhe 1929, 54 S.

Knight B. H., The interpretation of physical tests of roadmaking stones. Good Roads 1933, 9 (11), 291—293.

Kreuger Karl, Auto und Straße. Berlin 1927.

Leon A., Stoff- u. Gebrauchsprüfung v. Straßenbau- u. Gleisbettungsstoffen. Bauwirtschaft, Graz, 1. Jhrg. 1933, H. 3, S. 1—4.

Neumann, Prüfung u. Bewertung v. Gesteinen f. d. Verwendung als Straßenbaustoff. Jb. deutsch. Ges. Bauing.-Wes., VDI-Verlag, Berlin 1925. — Prüfung u. Bewertung v. Straßenbaustoffen. Z. VDI 1926. — Neuzeitlicher Straßenbau. Handbibliothek f. Bauingenieure, herausgeg. v. R. Otzen. Verlag J. Springer, Berlin 1927. — Die Prüfverfahren f. Straßenbaustoffe u. ihre Bewertung. Z. VDI 1928, H. 19, S. 642—648.

Niggli Paul, Neuere Untersuchungen über Straßenbaustoffe u. ihre Bewertung in Deutschland u. Österr. Schweiz. Z. Straßenwes. 1928, H. 1, S. 1—7.

Page Logan Waller, Versuche m. Materialien f. Schotterstraßen. Ber. z. 3. Kongreß Intern. ständigen Verb. Straßenkongr., London 1913.

Romanowicz H. u. Honigmann E., Aus d. Praxis d. Baustoffprüfers. Mitt. Techn. Versuchsamt. Wien, 1932, S. 59—91.

Rothfuchs, Prüfgutmenge bei Schotterprüfungen. Steinindustrie 1931, H. 14, S. 204/205.

Schaar, Die Beanspruchungen d. Straßen durch d. Kraftfahrzeuge. Zementverlag 1925.

Schenck R., Die Prüfung v. Straßenbaustoffen u. neueren Straßendecken. 142 S., 67 Abb. i. Satz. Halle a. Saale 1932. W. Knapp. — Die Kraftwagenstraße. Zementverlag 1925.

Schlyter Ragnar, Materialprüfungen f. Straßenbauzwecke. Tonind.-Ztg. 1927, H. 73, S. 1329—1333. — Metoder för och resultat Bergartsprovningar för Vägöndamal. Svenska Väginstitutet, Medd. 8. Stockholm 1928.

Schmölzer A., Zweckmäßige Prüfungsverfahren d. für d. Straßenbau in Betracht kommenden natürlichen Gesteine. Z. öst. Ing.- u. Arch.-Ver. 1931, 83. Jhrg., H. 3/4, S. 28.

Schneider E., Die neuzeitliche Steinstraße, ihre Verbesserung u. Verbilligung. Steinindustrie 1934, Straßenbau 1934, S. 60ff.

Schüle F., Die technologischen Prüfungsmethoden d. Straßenbaumaterialien. Schweiz. Z. Straßenwes. 1917, H. 10.

Steuer A., Naturstein-Industrie u. moderner Straßenbau. Steinindustrie 1925, H. 9, S. 158—160. — Über petrographische u. technische Prüfung d. im Straßenbau verwendeten Gesteine. Straßenbau, 18, 1927, H. 28, S. 488—491.

Stübel, Prüfung und Bewertung v. Gleisbettungsstoffen. Org. Fortschr. Eisenbahnwes. 1930, H. 19, S. 435. — Bahnbau 1931, H. 21. — Reichsbahn 1931, H. 25.

Tannhäuser F., Neuere Untersuchungen an Kleinschlagdecken. Steinbruch 1916, H. 27/28.

Wieland G. u. Stöcke H., Merkbuch f. d. Straßenbau. Berlin 1934, W. Ernst u. Sohn. Das ausgezeichnete Büchlein berät den Straßenbauer in gedrängter, aber erschöpfender Weise.

Vorschriften f. d. Prüfung v. natürl. Gesteinen als Straßenbaustoffe. Ausgearbeitet vom Ausschuß „Wissenschaftliche u. praktische Straßenbauforschung" d. Studiengesellsch. f. Automobilstraßenbau in Deutschland bzw. vom Ausschuß für Prüfung u. Normung von Straßenbaustoffen beim Reichsverkehrsministerium. Betonstraße 1930, S. 117—123. — Beschreibung d. neuzeitlichen Straßenbauweisen, ausgearbeitet v. d. Gesellschaft f. Straßenwesen in Wien u. Niederösterreich. Wien, Verlag d. Verbandes d. österr. Straßengesellschaften.

A. Freiäugige Untersuchung.

1. Farbe.

Krüger F., Ist grauer Basalt unbedingt minderwertig? Steinindustrie 1931, H. 20, S. 282—284, m. 2 Abb.

Stiny Josef, Zur Färbung von Zerrüttungstreifen. Geol. u. Bauwesen, 1. Bd., 1929, H. 3, S. 171—175.

2. Tracht und Regelung der Gemengteile.

Sander B., Gefügekunde d. Gesteine m. bes. Berücksichtigung d. Tektonite. M. 155 Abb. u. 245 Gefügediagrammen, VI, 352 S. J. Springer, Berlin 1930.

Sander B., Felkel E., Drescher F. K., Festigkeit u. Gefüge-regel am Beispiele eines Marmors. N. Jb. f. Mineral. Geol. Paläontolg. Beilagebd. 59, Abt. A, 1929, S. 1—26.

Schmidt Walther, Statistische Methoden zur Gefügeunter-suchung kristalliner Schiefer. Sitzungsber. Akad. Wissenschaft., math.-nat. Kl., Wien 1917. — Gefügestatistik. Tschermaks Mineral. u. petrogr. Mitt. 1925, Bd. 38, S. 392—423. — Tektonik und Ver-formungslehre. 1932. M. 49 Textabb., VI, 208 S.

Wenk Fr., Untersuchungen über zufällige Verteilung im Ver-gleich mit gesetzmäßiger Regelung von Gesteinen. S. 435. Zbl. Mineral. Geol. Paläont., Abt. A, 1930, Nr. 10.

3. Bruch- und Bruchflächenbeschaffenheit.

Grün R., Einwirkung d. Oberflächenbeschaffenheit u. d. chemi-schen Zusammensetzung d. Zuschlagstoffe auf d. Betonfestigkeit. Betonstraße, 9. Jhrg., 1934, S. 51—55.

Katrein und Haberland, Zur Kennzeichnung d. Beschaffen-heit v. Gesteinoberflächen. Steinindustrie 1931, H. 6, S. 80ff.

Marcotte Edmund, Les pierres naturelles et artificielles. Paris 1928, 324 S. (cassures S. 1ff.).

B. Freiäugig-mikroskopische Untersuchung.

4. Korngröße.

Andreasen A. H. M., Untersuchungen über d. Bestimmung d. Größe v. losen Körnern. 1. Mitt. Neuen Intern. Verb. Mat.-Prüf., Zürich 1930.

George J. Bouyoucos, Die Ausführung einer mechanischen Bodenanalyse in 15 Minuten. S. 253, Mitt. Intern. Bodenk.-Ges., Bd. III, Nr. 4, 1927/28.

Breyer Hans, Zur Normung v. Siebgutklassen. Steinindustrie 1930, H. 11, S. 185/186.

Dragan J. S., Analiza mecanica a solului. (Die mechanische Bodenanalyse.) Bul. Acad. de Inalte, Studii Agronomice. Cluj, Bd. 3, H. 1, 1932.

Eymann W., Siebsatz u. Mineralkörnung. Straßenbau 1933, H. 7, S. 90/91.

Fehlhaber H., Das Abschlämmbare im Sande. S. 603. Ton-ind.-Ztg., 55. Jhrg., 1931, Nr. 41.

Feußner K., Trübungsfaktor, precipitable water Satub. S. 132. Gerlands Beitr. Geophys., Bd. 28, H. 2, Leipzig 1930.

Förderreuther Karl, Über d. Wichtigkeit einer guten Aus-führung v. Prüfsieben. Tonind.-Ztg., 51. Jhrg., 1927, H. 3, S. 26/27, m. 4 Abb.

Gonell H. W., Ein Windsichter zur Bestimmung d. Korn-zusammensetzung staubförmiger Stoffe. Tonind.-Ztg. 1929, H. 13. — Ein Windsichtverfahren z. Bestimmung d. Kornzusammensetzung staubförmiger Stoffe. Mitt. deutsch. Mat.-Prüf.-Anst. 1929, Sonderheft 7, S. 114—121, m. 14 Abb. — Zur Frage d. Bestimmung d. Größe loser Körner. Ber. Intern. Verb. Mat.-Prüf.-Technik, Zürich 1931.

Grengg R., Die öst. Siebnormung. Sparwirtschaft 1931, Jhrg. 9, H. 3, S. 108.

Hahn F. V. v., Die Methoden. d. Teilchengrößenbestimmung u. ihre theoretischen Grundlagen. S. 197. Mitt. Intern. Bodenkundl. Ges., Bd. 3, H. 3, 1927/28. — Dispersoidanalyse. Steinkopf, Dresden u. Leipzig.

Iddings J. P., Igneous Rocks. New York 1913.

Kathrein G., Über d. Einfluß d. Kornform auf d. Siebergebnis. Straßenbau 1927, H. 12.

Köhn M., Ein neuer Pipettierapparat. Bemerkungen zur mechanischen Bodenanalyse III. Z. Pflanzenernähr. Düngung u. Bodenkunde, T. A, 11. Bd., H. 1, S. 50—54.

Koettgen P., Über d. Bedeutung d. Pipettiermethode f. d. mechanische Bodenanalyse u. ihre theoretische Grundlage. Mitt. Intern. Bodenkundl. Ges., Nr. 48, Bd. 3, 1927/28, S. 252.

Kraus G. u. Danzl J., Beiträge zum Ausbau der mechanischen Bodenanalyse. Tharandter Forstl. Jb., 79. Bd., H. 8/9, Berlin 1928.

Lorenz Rudolf, Über d. Messung kleinster Korngrößen i. d. Keramik. Sprechsaal 65, 1932, H. 4/5.

Pöpel, Oberflächengröße u. Kornzusammensetzung d. Mineralmassen. Mitt. Versuchsanstalt f. Straßenbau a. d. Techn. Hochsch. Stuttgart 1929, H. 2. M. ausführlichem Schriftennachweis.

Probst E., Handbuch d. Zementwaren- u. Kunststeinindustrie. Halle (Saale) 1922.

Rodt V., Beitrag zur Feststellung der mechanischen Zusammensetzung v. Mörtel u. Beton. Mitt. deutsch. Mat.-Prüf.-Anst., Sonderheft 7, 1929, S. 44—47.

Saenger G., Vergleichsversuche m. Loch- u. Maschensieben. Straßenbau, 20. Jänner 1928, H. 3, Jhrg. 19, S. 31—33. — Desgl., Steinindustrie, Jhrg. 23, 1928, H. 1, S. 9—11, 2 Abb. — Desgl. Mitt. deutsch. Mat.-Prüf.-Anst., 1929, Sonderheft 7, S. 105—107.

Schenk, Die Korn- und Siebnormung in der Bauindustrie. Straßenbau 1926, H. 2.

Sibirsky W., Die Methode d. Fraktionierung d. Minerale d. Bodenskeletts. Soil res. 1932, 2, Bd. 3, S. 77—90.

Stiny, Ein f. bodentechn. Zwecke geeignetes Schlämmverfahren. Geol. u. Bauwes. 1931, H. 4, S. 233—295, m. 1 Abb.

Trask Parker D., Mechanical Analysis of Sediments by Centrifuge. Econ. Geol. 1930, S. 581—599.

Vinassa des Regny P., Un nuovo levigatore per l'analisi meccanica. S. 183. G. Geol. Pratica, 1/2, 1903/04.

Der Siebvorgang u. d. Möglichkeit d. Verwendung v. Siebmaschinen für Zwecke d. Feinheitsprüfung. Tonind.-Ztg., 51. Jahrg., 1927, S. 1790—1792 u. S. 1815—1818.

Rundloch-Prüfsiebe. Tonind.-Ztg., 55. Jahrg., 1931, Nr. 35, S. 511.
Die offizielle verbesserte britische Methode d. mechanischen
Analyse. J. Agricult. Sci., Vol. XVIII, Part. IV.
Standard methods of test for sieve analysis of aggregates for
concrete. Americ. Soc. Test. Mater. Bull. ASTM. Standards, 1933.
(2. non metallic materials.)

5. Korngestalt und Oberflächenbeschaffenheit.

Dow A. W., Wie sich d. Adsorption d. Asphaltes durch verschiedene Mineralzuschläge ändert. Asphalt u. Teer 1928, H. 20, S. 541—543.

Grengg R., Die Darstellung v. Körnerformen u. d. Kornverteilung loser Massen, sowie Gesetzmäßigkeiten beim Werden v. Schottern u. Sanden. Z. Geschiebeforsch., 3. Bd., 1927.

Liepolt Ewald, Ein Vorschlag zur ziffermäßigen Festlegung d. Kornformen. Straßenbau 1933, H. 9, S. 111—113.

Oberbach J., D. Sand i. neuzeitlichen Straßenbau. Steinbruch u. Sandgrube 1929, S. 840 ff.

Otzen, Wertziffern für d. Kornform v. Splitten u. Grusen. Zement 1929, H. 1.

Rothfuchs, Bewertung d. verschiedenen Kornform v. Steinschlag u. Splitt. Steinindustrie 1931, H. 15, S. 220—222.

Schlyter, Materialprüfungen für Straßenbauzwecke. 1927. Tonind.-Verlag.

6. Kornbindung und Verband.

Hirschwald J., Handbuch d. bautechnischen Gesteinsprüfung. Berlin 1911, Gebr. Bornträger. 2 Bde.

7. Gefüge.

Leon Alfons, Über d. Störungen d. Spannungsverteilung, d. in elastischen Körpern durch Bohrungen u. Bläschen entstehen. Österr. Wschr. öffentl. Baudienst 1908, H. 9.

Leon A. u. Willheim F., Über d. durch eine Reihe v. kreisrunden Löchern in einem elastisch-festen Körper auftretenden Spannungs- u. Verzerrungsstörungen. Z. öst. Ing.- u. Arch.-Ver. 1914, H. 22.

Schmölzer A., Fehlstellen in Gesteinen, ihre Ursachen, Vorteile u. Nachteile. Steinindustrie 1933, H. 9/10, S. 68/69; H. 11/12, S. 85/86.

8. Natürliche Ablösung und Klüftung.

Cloos H., D. Mechanismus tiefvulkanischer Vorgänge. Braunschweig 1921, Sammlung Vierweg, Nr. 57, 1920. — Tektonische Behandlung magmatischer Erscheinungen. 1. Das Riesengebirge. Berlin 1926, Bornträger. Außerdem zahlreiche andere Veröffentlichungen dieses bahnbrechenden Forschers.

Haberlandt H., Über eine neue Anwendung d. Quecksilberdampflampen z. Untersuchung v. Handelsmarmoren. Steinindustrie, Jhrg. 1931, H. 8.

Kumm A., Schicht, Bank, Lager. Festschrift W. Salomon-Calvi 1933, S. 186—200.

Lotze Fr., Zur Erklärung d. Querplattung (Sigmoidalklüftung) im Wellenkalk. N. Jb. Mineral., Geol., Paläont., Abt. B, 1932, S. 300—307. — Zur Erklärung d. tektonischen Klüfte. Zbl. Mineral., Geol., Paläont. 1933, S. 193—199.

Müller L., Untersuchungen über statistische Kluftmessung. Geol. u. Bauwes., 5. Jahrg., 1933, H. 4, S. 185—255. Mit sehr ausführlichem Schriftennachweis, auf welchen der Kürze halber verwiesen wird.

Ohnesorge A. u. Schulz Hans, Steinbruchbetrieb u. Tektonik. Geol. u. Bauwes. 1931, 3. Jhrg., H. 3, S. 135—142.

Quiring H., Über Glimmerklüfte, Lettenklüfte, Schichtung u. Schieferung am Südabfall d. Niederen Tauern. Z. deutsch. geolog. Ges. 1925, H. 5—7, S. 130—137.

Stiny J., Gesteinsklüfte u. alpine Aufnahmegeologie. Jb. geol. Bundesanstalt, Wien 1925, S. 97—127. — D. Ausführung d. Kluftmessung. Geologe 1925, H. 38, S. 873—877. — Gesteinsklüftung im Teigitschgebiete. Tschermaks Mineralog. u. petrogr. Mitt., Bd. 38, 1925, S. 464—478. — D. Untersuchung v. natürl. Gesteinsvorkommen f. Bauzwecke u. d. Klüftigkeit d. Felsarten. Steinbruch u. Sandgrube 1927, H. 25—27.

Wager R., Kugelförmige Absonderung im Granit von Mittweida i. S. Festschrift W. Salomon-Calvi 1933, S. 25—31.

9. Mineralbestand.

Becke W. u. Macht F., Geologisch-petrographische Untersuchungen an bautechnisch verwendbaren schlesischen Graniten. S. 412. Chemie d. Erde, 5, 1930, 5. Abhdlg.

Grengg R., Über ziffermäßiges Erfassen d. Gefügeeigenschaften d. Gesteine. Tschermaks miner. u. petrogr. Mitt., Bd. 38, Wien 1925, S. 479—493. — Zur Frage d. petrographischen Charakterisierung v. Bausteinen. Steinindustrie 1930, H. 7, S. 114/115; H. 8, S. 131—133; H. 9, S. 148—150.

Johannsen Albert, A Planimeter Method for the determination of the Percentage Compositions of Rocks. The J. Geol., Bd. 27, 1919, S. 276—285.

Jona Dr. M., Beitrag zur technischen Materialuntersuchung mittels Röntgenstrahlen. Z. öst. Ing.- u. Arch.-Ver., H. 41/42, S. 427, 81. Jhrg., 1929, Wien.

Krüger Karl, Mineraltechnik f. Bauingenieure. Allg. Ind.-Verlag G. m. b. H., Berlin 1929.

Kunitz W., D. volumetrische Phasenanalyse mittels d. Zentrifuge, eine neue Methode zur quantitativen Gesteinsbestimmung. Fortschr. Mineral., Krist. u. Petr., 14, Berlin 1929, 44—47, Zbl. f. Min. etc., 1929.

Niggli P., D. Mitarbeit d. Mineralogen u. Petrographen bei d. technischen Baustoffprüfung. Schweiz. Bauztg. 1930, H. 18, S. 250—252.

Rosiwal A., Über geometrische Gesteinanalysen. Verhndlg. geol. Reichsanstalt Wien, 1898, S. 143—175.

Shand S. J., J. Geol. Chicago, 24, 1916, S. 394—404.

H., Quarze als echte oder Scheineinsprenglinge in porphyrischen Gesteinen u. d. Bedeutung für d. Festigkeit derartiger Gesteine. Steinindustrie, 5. April 1928, H. 7, Jhrg. 63, S. 102/103.

Mikroskopische Untersuchungen.

Guthrie W. C. A. and Miller C. C., The determination of rock constituents by semi-micro-methods. Mineral. Mag. 1933, 23 (142), 405—415.

Turnan M., Bemerkungen zur geometrischen Methode d. Gesteinsanalyse. Bull. Intern. Acad. polonaise, Krakau 1933, S. 396 bis 411.

C. Einfache, physikalisch-chemische Untersuchungen.

10. Verhalten des Gesteins zum Wasser.

Fill R., Über eine neue Art d. Wasseraufnahmebestimmung an natürlichen Gesteinen. Geol. u. Bauwes., 6. Jhrg., 1934, H. 3. — Über d. Abhängigkeit d. Wasseraufnahme natürlicher Gesteine von d. Probekörpergröße. Geol. u. Bauwes., 6. Jhrg., 1934, H. 3.

Fuchs, Änderung physikalischer u. chemischer Eigenschaften d. Gesteine bei Wasseraufnahme. „Glückauf" 1927.

Kettenacker Ludwig, Über d. Feuchtigkeit von Mauern. Gesundh.-Ing. 1930, H. 45, S. 721—728.

Kieslinger A., Raumgewicht, Porosität u. Wasseraufnahme. Geol. u. Bauwes. 1931, S. 228—232.

Liebscher Leopold, Über d. Bestimmung d. Raumgewichtes d. Wasseraufnahme u. über d. Färbeversuche an natürl. Gesteinen. Geol. u. Bauwes., 6. Jhrg., 1934, H. 3.

Mayer Oswald, Über d. Bestimmung d. spez. Gewichtes v. Gesteinen. Mitt. mechan. techn. Laborator. Techn. Hochschule Wien. Stuttgart 1905.

Willfort Fritz, Über Feuchtigkeitserscheinungen an Bauwerken u. d. neue Verfahren von Knapen. Z. öst. Ing.- u. Arch.-Ver. 1912, H. 46, S. 721—726.

Winter Anton, Über d. Wasseraufnahme v. Gesteinen. Geol. u. Bauwes. 1929, Bd. 1, H. 2, S. 92—94.

Färbeverfahren.

Kieslinger A., D. Färbemethoden i. d. Gesteinsuntersuchung. Geol. u. Bauwes. 1929, Bd. 1, H. 2, S. 95—99.

Kühne O., Sichtbarmachung fossiler Strukturen durch Färbung. Zbl. Mineral., Geol. u. Paläont., Abt. B, 1925, H. 10.

Schmölzer A., Über d. Anwendungsmöglichkeit d. Ultralampen in d. technischen Gesteinsuntersuchung. Steinindustrie 1927.

11. Einheitsgewicht.

Fillunger P., Theorie d. Raumgewichtsbestimmung. Mitt. staatl. techn. Versuchsamt. Wien, 10, 1921, H. 1/2, S. 33—40.

Oberbach J., Bestimmung d. Raumgewichtes. Straßenbau, 20, 1929, S. 137/138.

Romanovicz H., Zur Raumgewichtsbestimmung lose geschütteter Körper. Mitt. techn. Versuchsamt. Wien, 10, 1921, H. 3/4, S. 105. — Paraffintränkeverfahren. Mitt. techn. Versuchsamt. Wien, 1927, 16. Jhrg., H. 1—3.

12. Chemische Zusammensetzung.

Dittler E., Gesteinsanalytisches Praktikum. Mit e. Anh. Kontrolle u. graphische Darstellung d. Gesteinsanalysen v. A. Köhler. 1933, VIII, 111 S., 8°.

Feigl F., Anwendung d. Mikrochemie auf d. Materialprüfung. 1. Mitt. Neuen Intern. Verb. Mat.-Prüf., Zürich 1930, S. 216.

Niggli Paul, Mitwirkung d. Mineralogen u. Petrographen bei d. Beurteilung d. natürl. u. künstl. Bausteine u. Straßenbaumaterialien. 1. Mitt. Neuen Intern. Verb. Mat.-Prüf., Zürich 1930, S. 1—9.

13. Wärmeverhältnisse der Gesteine.

Badior Alb., Über d. Wärmeleitung künstlich geschichteter Materialien. Diss. Marburg 1908.

Hirsch Hans, Die Eigenschaften d. Magnesitgesteine. Tonind.-Ztg. 1928, H. 25, Jhrg. 52, S. 479—483.

Hottinger M., Die rechnerische Bestimmung d. Wärmeleitzahlen d. Baustoffe. Zbl. Gesundh.-Techn. u. Städtehyg. 1933, H. 2, S. 1—4.

Judison P., Die wichtigsten Strukturerscheinungen d. Rohstoffe für Silikatsteine. Feuerfest, 5. Jhrg., H. 10, Oktober 1929.

Reinhart Fr., Im Schmelzfluß erzeugte feuerfeste Stoffe. Tonind.-Ztg. 1932, 56. Jhrg., H. 3, S. 32.

Rudolph Ludwig, Wärmeleitung verschiedener Baustoffe. Tonind.-Ztg., 9. Juni 1928, H. 47, Jhrg. 52, S. 949.

Schulz K., Die Koeffizienten d. thermischen Ausdehnung d. Mineralien u. Gesteine u. d. künstlich hergestellten Stoffe von entsprechender Zusammensetzung. Fachschr. Mineral., Krist., Petr., Jhrg. 1914, S. 14 u. 20.

Thornton W. M., Philos. Magaz. London, 38, 1919, S. 705—707.

Hitzebeständigkeit.

Endell, Über d. Einwirkung hoher Temperaturen auf erhärteten Zement, Zuschlagstoffe u. Beton. Zement 1926, H. 45.

Garre Bernward, Der Einfluß d. Wassers auf d. Festigkeit gepulverter Stoffe beim Erhitzen. Tonind.-Ztg. 1928, H. 13, Jhrg. 52, S. 229/230.

Graf Otto, Aus Versuchen über d. Widerstandsfähigkeit von Baustoffen im Feuer. Bautenschutz 1932, H. 10, S. 113—118.

Grün u. Beckmann, Verhalten von Beton bei hohen Temperaturen unter besonderer Berücksichtigung von hochofenschlackenhaltigem Beton. Stahl u. Eisen 1930, H. 24, S. 840/841.

Illgen Fritz, Feuerfeste Baustoffe und ihre Bedeutung für die Hüttenwerke und Grubenkokereien. Tonind.-Ztg., 16. Mai 1928, H. 40, Jhrg. 42, S. 804—807.

Mautner, Über d. Wahl von Betonzuschlagstoffen bei hohen Temperaturen. Bauing. 1927, H. 22.

Schlyter R., Testing of the Fire Resistance of Building Materials. 1. Mitt. d. Neuen Intern. Verb. Mat.-Prüf., Zürich 1930, S. 168.

Stöcke K., Versuche über d. Verhalten von Naturgesteinen gegenüber d. Einwirkung von Hitze. Steinindustrie 1932, H. 15/16. — Einfluß von Hitze auf Steinschlag. Asphalt u. Teer 1932, H. 1, S. 6.

14. Beständigkeit gegen Frost und Witterung; Wetterbeständigkeit.

Fuchs, Über Wetterbeständigkeit d. Basalte. Z. prakt. Geol. 1927.

H., Über die Wetterbeständigkeit der Basalte und ihre Verwendung als Kleinschlag. Steinindustrie 1928, S. 50/51.

Hirschwald J., Bautechnische Gesteinsuntersuchungen. Berlin 1910, 1911, 1912. — Die Prüfung d. natürlichen Bausteine auf ihre Wetterbeständigkeit. Z. prakt. Geol. 1908.

Kaiser Erich, Die Verwitterung d. Gesteine, besonders d. Bausteine. Bd. 1 „Handbuch d. Steinindustrie", 30 S.

Kieslinger A., Zerstörungen an Steinbauten, ihre Ursachen u. ihre Abwehr. Franz Deuticke, Leipzig u. Wien 1932, 346 S. mit 291 Abb. i. Satz und 13 Zahlentafeln. Hier auch zahlreiche weitere Schrifttumhinweise.

Maddalena Ranzio, Geological and Petrographical Studies inherent to the Execution of Important Railroads Works in the Apennines Tosco-Bolognese. Wld. Engineering Congress, Tokyo 1929, Paper 572.

Pollack V., Verwitterung in d. Natur u. an Bauwerken. Wien 1923.

Schaffer R. J., The weathering of natural building stones. Department of scientific and industrial research building research, special report 18. London 1932, 149 S., mit 55 Abb.

Seipp H., Die abgekürzte Wetterbeständigkeitsprobe d. natürlichen Bausteine. Frankfurt 1905, H. Keller. — Die Wetterbeständigkeit d. natürlichen Bausteine u. d. Wetterbeständigkeitsprobe. Jena 1900, H. Costenoble.

Wiegel H., Die Verwitterungserscheinungen d. basaltischen Olivins, insbesondere d. rote Mineral u. einige Verwachsungen von rhomb. und mon. Augit. Centralbl. 1907, Nr. 12.

Building Science abstracts, Vol. III (New Series), Nr. 7, July 1930, Department of Sci. and Ind. Res. London 1930.

Neuere Arbeiten über „Sonnenbrand".

Blank E. u. Alten F., Ein Beitrag zur Erscheinung d. Sonnenbrenners im Basalt. Chemie d. Erde 1925, Bd. 2.

Hibsch J. E., Über d. Sonnenbrand d. Gesteine. Z. prakt. Geol. 1920, H. 5, S. 69—78.

Holler K., Zeolith in Eruptivgesteinen. Ein Beitrag zum Problem des „Sonnenbrandes". Z. prakt. Geol., 38. Jhrg., 1930, H. 2, S. 17—20.

Hoppe W., Die Erscheinung d. Sonnenbrandes an Basalten. Beitr. Geol. von Thüringen, H. 6, 1928.

Hoppe u. Kellermann, Zur Kenntnis u. künstl. Erzeugung d. Sonnenbrandes an Basalten. Beitr. Geol. von Thüringen, H. 6, 1928.

Kresse, Sonnenbrenner. Steinindustrie 1930, H. 19, S. 304/305.

Krüger E., Aragonit als Zerfallsursache d. Basaltes. Straßenbau, 22, 1931, 7, S. 108—111.

Leppla A., Über d. sogenannten Sonnenbrand d. Basalten. Z. prakt. Geol. 1901, S. 170 ff.

Steuer A., Über d. Ursachen d. Sonnenbrandes. Steinstraße, 2, 1929, H. 1.

Steuer A. u. Holler K., Sonnenbrenner. Steinindustrie 1931, H. 16, S. 234—236.

Tannhäuser F., Die Verwitterungsursache d. als Sonnenbrenner bezeichneten Basalte. In J. Hirschwald: Bautechn. Gesteinsuntersuchungen, I, 1910.

Frostprobe im besonderen.

Erlinger E. u. Kostron H., Die Frostdauer bei d. Frostprobe an Baustoffen. Tonind.-Ztg. 1933, H. 34.

Fillunger P., Wie ist natürliches Gestein auf Frostbeständigkeit zu prüfen? Geol. u. Bauwesen 1930, H. 4.

Hirsch Hans, Hängt d. Frostbeständigkeit d. Ziegel von d. Porosität u. d. Festigkeit ab? Tonind.-Ztg., 56. Jhrg., 1932, H. 21, S. 290/291.

Honigmann E. J. M., Zur Frage d. Frostprobe in d. Materialprüfung. Z. öst. Ing.- u. Arch.-Ver. 1932, H. 9/10, S. 44—46.

Keßler W. A., The Resistance of Stone to Frost Action. 1. Mitt. Neuen Verb. Mat.-Prüf., Gruppe B, Zürich 1930, S. 37.

Kieslinger A., Das Volumen des Eises. Geol. u. Bauwes. 1931, Jhrg. 1, H. 4, S. 199—207.

Kostron Hans u. Erlinger E., Der Einfluß d. Gefrieranlage auf d. Abkühlungsverhältnisse bei d. Frostprobe. Geol. u. Bauwes., 5. Jhrg., 1933, H. 2, S. 71—76.

Schmölzer Anna-Maria, Bemerkungen zur Frostprobe von natürlichem Gestein. Mitt. techn. Versuchsamt. Wien, Bd. 17, S. 99—106.

Schneider C., Gefrierversuche mit Mauersteinen. Mitt. königl. Mat.-Prüf.-Amt. Berlin, Bd. 30, 1912, S. 98.

Spaček, Frostbeständigkeit von Natursteinen. Allg. Bauztg., Bd. 8, 1931, H. 311, S. 3.

D. Festigkeitsprüfungen.

Gesteinfestigkeit im allgemeinen.

Gaber E., Neuere Gesteinsuntersuchungen d. Versuchsanst. Karlsruhe. Z. deutsch. geolog. Ges. 1930, H. 6, S. 348—367.

Gary M., Prüfung d. Gesteine. Handb. Steinind. von K. Weiß, 2. Teil. Berlin 1915.

Grengg R., Zusammenhänge zw. Materialprüfung u. Gebrauchseignung. Abhängigkeit d. Meßergebnisse von d. Probegröße, Probegestalt, Belastungsdauer, von Schwingungen usw. 1. Mitt. Neuen Intern. Verb. Mat.-Prüf., Zürich 1930, S. 37.

Herold W., Vergleich d. Meßergebnisse verschiedener Versuchsarten, wie Zugfestigkeit, Härte, Dehnung, Einschnürung, Falt-, Biege-, Verdrehungsziffern, Struktur, Textur usw. 1. Mitt. Neuen Intern. Verb. Mat.-Prüf., Zürich 1930, S. 9.

Hoffmann H., Genaue Dehnungs- u. Spannungsmessungen an Eisenkonstruktionen u. Steinbauten. Bauingenieur 1930, H. 18, S. 312—315.

Kuntze W., Vergleich d. Meßergebnisse verschiedener Versuchsarten, wie Zugfestigkeit, Härte, Dehnung, Einschnürung, Falt-, Biege-, Verdrehungsziffern, Schwingungsfestigkeit, Kerbschlagprobe usw. 1. Mitt. Neuen Intern. Verb. Mat.-Prüf., Zürich 1930, S. 1. — Struktur, Festigkeit, Stetigkeit. Mitt. deutsch. Mat.-Prüf.-Anst., Sonderheft 17, Berlin 1931, S. 48—52. — Kohäsionsfestigkeit. Z. VDI 1933, H. 2, S. 49/50.

Leet L. D., Velocity of elastic waves in granite and norite. Physics, 4, 1933, S. 375—385.

Ludwik P., Elemente der Technologischen Mechanik. J. Springer, Berlin 1909. — Festigkeit und Materialprüfung. Z. VDI, Bd. 68, H. 10. — Begriffliche u. prüfmethod. Beziehung zw. Elastizität u. Plastizität, Zähigkeit u. Sprödigkeit. 1. Mitt. Neuen Intern. Verb. Mat.-Prüf., Zürich 1930, S. 63.

Richards T. C., On the elastic constants of rocks, with a seismic application. Proc. Phys. Soc., London 1933, S. 70—81.

Roš M. u. Eichinger A., Versuche zur Klärung d. Bruchgefahr nichtmetallischer Stoffe. Eidgenöss. Mat.-Prüf.-Anst. a. d. Techn. Hochschule. Zürich 1928. — Zusammenhänge zw. Materialprüfung u. Gebrauchseignung. 1. Mitt. d. Neuen Intern. Verb. Mat.-Prüf., Zürich 1930, S. 18.

Smekal Adolf, Festigkeit u. Molekularkräfte. Z. öst. Ing.- u. Arch.-Ver. 1922, H. 50/52, S. 217—220.

Steuer A., Die Steinindustrie. Industriehandelsbuch „Montanus", Westdeutschland, Siegen 1922.

Tetmayer L., Methoden u. Resultate d. Prüfung künstlicher u. natürlicher Bausteine. Zürich 1900.

Van der Veen A. L. W. E., Deformation of Crystals. 1. Mitt. Neuen Intern. Verb. Mat.-Prüf., Zürich 1930, S. 209.

Wawrziniok Otto, Handbuch d. Materialprüfungswesens. Berlin 1923, J. Springer.

15. Druckfestigkeit.

Adams u. Williamsson, On the compressibility of minerals and rocks on high pressure. Franklin. Inst., Vol. 185, 1923, S. 475 ff.

Albrecht E., Verfahren zur Prüfung unebener Platten auf Bruchfestigkeit. Keramische Rundschau u. Kunst-Keramik 1930, H. 26, S. 403/404; H. 28, S. 438/439.

Breyer Hans, Über d. Elastizität von Gesteinen. Z. Geophysik 1930, H. 2, S. 98—111.

Burchartz, Einfluß d. Belastungsgeschwindigkeit bei Druckversuchen mit Zementwürfeln auf d. Prüfungsergebnis. Mitt. Kgl. Mat.-Prüf.-Amt. Groß-Lichterfelde, 30. Bd., 1912, S. 181. — Das Verfahren zur Prüfung von Mauersteinen auf Druckfestigkeit. Tonind.-Ztg. 1932, H. 46, 48, 50.

Burchartz u. Saenger G., Der Einfluß d. Probengröße u. Probenform auf d. Ergebnisse d. Prüfung von Naturgesteinen auf Druckfestigkeit. Straßenbau, 22, 1931, 16, S. 233—236 u. 257—262.

Gaber, Die Abhängigkeit d. Druckfestigkeit bei Naturgesteinen von d. Kantenlänge d. Steinwürfel. Steinbruch u. Sandgrube 1929, H. 16, S. 369—372.

Graf, Versuche über Druckelastizität von Basalt, Gneis, Muschelkalk, Quarzit, Granit, Buntsandstein, sowie einer Hochofenschlacke. Beton u. Eisen 1926, H. 22, S. 399 ff.

Greger Otto, Druckfestigkeit u. Bergfrische beim Granit. Straßenbau 1930, H. 7, 4 S.

Grengg R., Über Fehlerquellen beim Erproben von natürlichen und künstlichen Gesteinen auf Druckfestigkeit. Mitt. Techn. Versuchsamt. Wien 1927.

Konstron Hans, Der Einfluß d. Schneidens auf d. Würfelfestigkeit von Baustoffen. Tonind.-Ztg., 57. Jhrg., 1933, H. 65.

Oeftring, Druckfestigkeit u. Bergfrische beim Granit. Steinindustrie 1930, H. 13, S. 224/225.

Reich, Über d. elastischen Eigenschaften von Gesteinen u. damit zusammenhängende geologische Fragen. Gerlands Beitr. Geophysik, 27. Bd., 1927, H. 1, S. 86 ff.

Saenger und Stöcke, Beitrag zur Druckelastizität von natürl. Gesteinen u. Hochofenschlacke unter bes. Berücksichtigung ihrer mineralogischen Zusammensetzung u. ihrer Gefügeeigenschaften. Straßenbau 1931, H. 21, S. 311—319; H. 22, S. 327—335.

H., Über d. bei Prüfung d. Gesteinsdruckfestigkeit auftretenden Fehlerquellen, ihre Ursachen u. Beseitigung. Steinindustrie 1928, H. 5, Jhrg. 23, S. 69/70.

16. Schubfestigkeit.

Gaber E., Die Schub- u. Biegefestigkeit von Granit. Bauing. 1929, H. 20/21, S. 548.

17. Zugfestigkeit.

Bartel J., Zusammenhang zw. d. Deformationserscheinungen i. d. Zug- u. Biegeprobe. 1. Mitt. Neuen Intern. Verb. Mat.-Prüf., Zürich 1930, S. 31.

Cook G., Comparison of the Results of Tests in Tension, Torsion and Bending. 1. Mitt. Neuen Intern. Verb. Mat.-Prüf., Zürich 1930, S. 26.

Schwarz O., Forschungsarbeiten auf dem Gebiete d. Ingenieurwesens, 1929, H. 313.

18. Haftfestigkeit und Bindevermögen.

Gonell, Einfluß verschiedener Füllstoffe auf Bitumen. Z. Bitumen 1934.

Hübner, Von Zerfallwerten d. Bitumenemulsionen an verschiedenen Gesteinen. Straßenbau 1932, H. 21, S. 279—281.

Krüger Karl, Über mineralische Baustoffe. Fortschritte im Städte- u. Straßenbau, Bd. 1, S. 30, Asphaltstraßenbau, Leipzig 1926.

Riedel u. Weber, Über Haftfestigkeit bituminöser Bindemittel am Gestein. Asphalt u. Teer 1933, H. 37ff.

Saal R. N. J., The adhesion of bitumen and tar to solid roadmaking materials. Bitumen 1933, 3 (5), 101—103.

Schmölzer Anne-Marie, Versuche über d. Wechselwirkung zw. einer m. Asphalt angereicherten kolloidalen Bitumenlösung u. versch. Gesteinsstoffen. Z. Intern. Bohrtechn.-Verb. 1927, H. 2.

Suida, Über d. Zerfall d. bituminösen Straßenbauemulsionen durch Berührung mit d. Gestein. Straßenwesen 1932, H. 6, S. 5/6.

Wilhelmi, Untersuchung d. Adsorption d. i. Straßenbau verwendeten Gesteinsmassen. Mitt. Versuchsanst. Straßenbautechn. Hochschule Stuttgart, H. 4 u. Bitumen 1931, H. 2 u. 4.

Namenlos, Adhesion of asphalt to sand aggregates. Rock Prod. 1933, S. 24.

19. Schlagfestigkeit, Zähigkeit und Sprödigkeit.

Breyer, Kritik der Gesteinsprüfverfahren. Steinindustrie 1929, H. 26.

Burchartz H., Beitrag zur Prüfung von natürl. u. künstl. Gesteinen auf Schlagfestigkeit. Straßenbau 1932, H. 22, S. 291—295. — Die Prüfung von Straßen- u. Gleisbettungstoffen auf Verhalten gegenüber statischen u. dynamischen Beanspruchungen. 1. Mitt. Neuen Verb. Mat.-Prüf., Gruppe B, Zürich 1930, S. 25.

Burchartz u. Saenger, Verfahren z. Prüfung v. Schotter auf Widerstandsfähigkeit gg. Schlagbeanspruchungen. Straßenbau, 24, 1933, H. 2.

Föppl A., Mitt. mech.-techn. Laboratoriums München, 1906, H. 30.

Gerth G. u. Voigt O., Die Prüfung v. Gleisschotter auf Schlagfestigkeit. Steinind. u. Straßenbau 1934, S. 49/50.

Graf Otto, Die Dauerfestigkeit d. Werkstoffe. 131 S. m. 166 Abb. i. Satz. Berlin 1929, J. Springer.

Guttmann A., Die Stoßfestigkeit v. Baustoffen. Tonind.-Ztg., 55. Jhrg., 1931, H. 59, S. 858.

Krüger K., Baustoffprüfungen. Asphalt u. Teer 1930, H. 10, S. 246.

Ludwik P., Zäh oder spröde. Metallwirtschaft, 8. Jhrg., H. 36, 1929, S. 872—875.

Reich H., Über Gesteinselastizität. Z. deutsch. Geol. Ges., Bd. 79, Nr. 1/2, 1927, S. 31.

˙ Romanowicz H., Stoßfestigkeit natürl. u. künstl. Steine. 1. Mitt. Neuen Verb. Mat.-Prüf., Gruppe B, Zürich 1930, S. 32.

Roš M. u. Eichinger A., Begriffliche u. prüfmeth. Beziehungen zw. Elastizität, Plastizität, Härte u. Zähigkeit. 1. Mitt. d. Neuen Intern. Verb. Mat.-Prüf., Zürich 1930, S. 72.

Rothfuchs, Voraussetzungen f. d. Erzielung einwandfreier Ergebnisse bei d. Schlagprüfung v. Schotter. Steinindustrie 1931, H. 22, S. 311/312; H. 23, S. 322—324. — Prüfung v. Schotter auf Widerstandsfähigkeit gg. Schlagbeanspruchung. Straßenbau 1931, H. 35, S. 501—503.

Rudeloff, Untersuchungen v. Kies u. Steinschlag zur Beurteilung ihres Wertes als Stopfmaterial f. d. Eisenbahnoberbau. Mitt. Techn. Versuchsanst., Berlin 1897, S. 279.

Saenger u. Stöcke, Beitrag z. Druckelastizität v. natürl. Gesteinen u. Hochofenschlacken. Straßenbau, 22, 1931, 21, S. 310—319, 327—335.

Schmeer F., Zuverlässigkeit d. Prüfung v. Gesteinen auf Schlagfestigkeit. Steinindustrie 1931, H. 26, S. 348—350. — Zuschrift zu d. Aufsatz Stübel: Unzuverlässigkeit d. Prüfung v. Gesteinen auf Schlagfestigkeit nach DIN-Entwurf DVM 2107. Bauing., 12, 1931, S. 225.

Schob A., Begriffliche u. prüfmethodische Beziehung zw. Elastizität, Zähigkeit u. Sprödigkeit. 1. Mitt. Neuen Intern. Verb. Mat.-Prüf., Zürich 1930, S. 56.

Stöcke, Ist d. Verfahren Föppl zur Prüfung v. Gesteinen auf Schlagfestigkeit nach DIN-Entwurf DVM 2107 unzuverlässig? Steinindustrie 1931, H. 25, S. 337/338. — Verfahren Föppl unzuverlässig? Bauing., 13, 1932, S. 224.

Stübel, Prüfung u. Bewertung v. Gleisbettungsstoffen. Org. Fortschr. Eisenbahnwes. 1930, H. 19. — Unzuverlässigkeit d. Prüfung v. Gesteinen auf Schlagfestigkeit nach DIN-Entwurf 2107. Steinindustrie 1931, H. 21, S. 293/294. — Ist d. Verfahren Föppl zur Prüfung auf Schlagfestigkeit zulässig? Steinindustrie 1932, H. 5/6, S. 34—36.

Trapp, Materialprüfung v. natürl. Gesteinen unter bes. Berücksichtigung d. Zähigkeit. Staatl. Mat.-Prüf.-Amt Berlin-Dahlem 1929. Dissert., Techn. Hochschule Berlin 1932. — Härte u. Zähigkeit d. Gesteine. Steinindustrie 1927, H. 23, Jhrg. 22, S. 394/395.

20. Abnützbarkeit.

Bergené, Über d. Wirkungsgrad d. Bohrarbeit in d. Hartsteinindustrie. Steinindustrie 1930, H. 3, S. 39—41; H. 4, S. 59—61; H. 5, S. 80—82.

Boultmann Ch., Neuzeitliche Sandstrahlgebläse. Ceramic. Ind. 1930, S. 295ff.

Burchartz H., Über d. Beziehung zw. d. Abnutzung beim Schleifversuch u. bei d. Prüfung mittels d. Sandstrahlgebläses. Straßenbau 1931, H. 33, S. 471—476; H. 34, S. 486—490.

Dänische Staatsprüfungsanstalt, Über d. Prüfung d. mechan. Abnützung. 1. Mitt. Neuen Intern. Verb. Mat.-Prüf., Zürich 1930, S. 81.

Füchsel M., Über Verschleißbarkeit d. Werkstoffe bei trockener Reibung. 1. Mitt. Neuen Intern. Verb. Mat.-Prüf., Zürich 1930, S. 95.

Gaber E. u. Hoeffgen H., Werkstoffprüfung von Gesteinen durch Sandstrahl u. Einführung dynamischer Prüfverfahren. Z. VDI 1931, S. 1390.

Graf Otto, Über Versuche z. Ermittlung d. Widerstandes v. nichtmetallischen Baustoffen gg. Abnützung. Straßenbau, 18, 1927, H. 33, S. 563—567. — Untersuchungen über d. Abschleifwiderstand v. Baustoffen, insbes. v. Gesteinen. Straßenbau 1930, H. 33, S. 579—588.

Greger Otto, Über d. Untersuchung v. Bausteinen u. Straßendeckstoffen. Straßenbau 1927, H. 14.

Grengg R., Über Abnützungsversuche v. Straßenschottern i. d. Trommelmühle. Sparwirtschaft 1926, H. 2. — Versuche über d. Verschleiß v. Straßenschottern u. d. damit einhergehende Staub- u. Schlammbildung. Straßenwesen 1928, 1. Jhrg., H. 1/2, S. 12—14.

Krüger L., Abnutzbarkeit durch Schleifen. Straßenbau 1930, H. 33, S. 588—593.

Leon A. u. Linser H., Die Prüfung d. i. Straßenbau verwendeten natürl. Bausteine auf Abnützbarkeit. Bautechniker 1914, H. 16.

Spindel M., Mechanische Abnützung. 1. Mitt. Neuen Intern. Verb. Mat.-Prüf., Zürich 1930, S. 113.

Steuer A., Wie erklärt es sich, daß sich Gesteine bergfeucht besser u. leichter m. ebenen Flächen bearbeiten lassen als solche d. ausgetrocknet sind? Steinbruch, 9. Jhrg., H. 34.

Spaltbarkeit.

Drescher F. K., Über Teilbarkeit, Klüftung u. Absonderungsformen magmatischer Gesteine. Steinindustrie 1924, H. 9/10, S. 85 bis 89.

Tertsch Hermann, Zur Frage d. Spaltbarkeit. Tschermaks Mineral. u. Petrogr. Mitt., 35. Bd., 1921, S. 13—30. — Einfache

Kohäsionsversuche I u. II. Z. Kristallographie, 74. Bd., H. 5/6, 1930; 78. Bd., H. 1/2, 1931; 81. Bd., H. 3/4, 1932.

21. Härte.

Auerbach Felix, Wied. Annal., 43, 61, 1891; 45, 262, 1892, 1894; 58, 357, 1896.

Benedecks C., Recherches sur l'acier au carbon. Upsala 1904. S. 60—104 u. Z. physik. Chem., 36, 529.

Brinell J. A., Technisk Tidshrift 1900.

Friederich E., Fortschr. Chem. Physik u. physik. Chemie, 18, 715, 1926.

Elster G., Unters. über Härte u. Festigkeit v. Gesteinen. „Glückauf" 1928, H. 9.

Grodzinski P., Härteprüfung fester Stoffe. Arch. Techn. Messen, Lief. 26, 1933, Bl. 106/107.

Gyß E. Emile & Davis Henry G., The Quarry & Surveyors' & Contractors J. London 1927, H. 367, S. 330—332.

Rosiwal A., Neuere Ergebnisse d. Härtebestimmung v. Mineralien u. Gesteinen. Verh. Geol. Reichsanst. 1916, H. 5/6.

Schmid E. u. Vaupel O., Versuche an bewässerten Steinsalzkristallen. Z. Physik, 62. Bd., 1930, H. 5/6.

Hart- oder Weichgesteine?

Fritz Otto, Kalksteine u. Dolomite als Straßen- und Eisenbahnbaumaterialien. S. A. ohne Jahresangabe. — Hartgestein. Straßenbau 1931, H. 25.

Searle; Boads and Roads Construction 1927, S. 389.

Schneider Eduard, Warum Hartgestein f. neuzeitl. Straßendecken? Straßenbau 1933, H. 8, S. 97—101.

Vespermann, Verwendung von Hart- und Weichgestein sowie künstl. Gesteinen bei neuzeitl. Straßendecken. Steinind. u. Straßenbau 1934; auch als Sonderdruck der Union der deutschen Verlagsgesellschaft Berlin, 1934.

Wood, Modern Road Construction, 1920, London. Griffin & Co.

22. Erweichbarkeit.

Heß Hans, Elastizität trockener u. feuchter Gesteine. Zbl. Mineral., Geol., Paläontol., Jhrg. 1912, H. 15, S. 471—479.

E. Anforderungen an Gesteine für bestimmte Verwendungszwecke.

Pflastersteine.

Adler Julius, Redressed Granite Block Paving in Philadelphia. Engng. News. Rec., 93, 1924, S. 582—585.

Beck P., Über d. Qualitätsproblem d. Pflastersteine. Das Straßenwesen, 3. Jhrg., H. 3, 1930, S. 11.

Feurer G., Über d. Lebensdauer v. Steinpflaster. Steinindustrie 1933, H. 3/4, S. 23/24.

Hielscher A., Bau- u. Pflasterklinker. Tonind.-Ztg. 1927, H. 86—88.

Hirnschal R., Ist d. Verwendung d. zurzeit üblichen Kleinpflastergrößen in allen Fällen wirtschaftlich? Straßenbau, 21, 1930, 18, S. 292—295.

Jakson F. H. & Kellermann W. F., The effect of vibration on pavement slabs. Publ. Roads 1933, 14 (8), S. 129—145.

Kindscheru E. u. Schöneberg O., Schlüpfriges Straßenpflaster. Asphalt u. Teer, H. 44, 28. Jhrg., 31. Oktober 1928, S. 1176.

Kipping, Anwendungsmöglichkeiten d. Groß- u. Kleinpflasters im modernen Straßenbau. Steinindustrie, 23. Feber 1928, H. 4, Jhrg. 23, S. 5—7.

Klein Walter, Petrographische Untersuchungen über d. Eignung v. Basalten als Pflastermaterial. Mitt. Geolog.-Mineral. Institut Universität Köln 1932, 54 S.

Klose Georg, Steinpflaster mit Zementverguß. Straßenbau 1926, S. 84—88.

Kozinowski, Die Steinpflasterstraße i. Wettbewerbe m. Asphalt-, Teer- u. Betonstraßendecken. Straßenbau 1930, H. 19, S. 304—308.

Müller (Nauen), Kleinpflasterdecken aus Quarzporphyr. Steinindustrie 1933, H. 13, S. 104/105.

Nandelstaedt, Fehlerquellen bei Kleinpflasterungen. Straßenbau, 25. Jhrg., H. 4, S. 47—50.

Oeser J., Pflasterung v. Straßen m. Granit i. Amerika. Z. Straßenbau u. Transportwesen, Jhrg. 1914.

Rothfuchs u. Kempfert, Prüfung u. Bewertung v. Pflastersteinen. Straßenbau 1932, H. 16, S. 216—219.

Sabordère Pierre et Anstett Frédéric, Notice sur l'outillage pour l'essai des Matériaux de Pavage. Assoc. intern. pour l'essai des matériaux, VIe Congrès. New York 1912.

Schnarrenberger C., Merkblatt zur Aufsuchung u. Bewertung von Granit und Porphyr zu Pflastersteinen. Freiburg 1925, Badische Geolog. Landesanstalt.

Scheuermann K., Kleinpflaster in Material, Bau u. Pflege. Wass.- u. Wegebau-Z., Jhrg. 1924, H. 11.

Schutte, Kleinpflaster. Straßenbau 1926, S. 595—597.

Stillkrauth H., Über d. Kleinpflastermaterial. Straßenbau, 17, 1926, H. 30, S. 489—494. — Desgl. Steinindustrie 1927, H. 1, S. 9—11.

Trauer, Breslauer Straßenpflaster. Verkehrstechn. 1929, H. 9.

Valina Karl, D. Betonmosaikstraße — d. Straße d. Zukunft. Städt. Tiefbau 1928, H. 6, S. 81—86.

Vespermann, Kleinpflaster nach d. Erfahrungen d. Praxis u. wirtschaftlicher Vergleich m. anderen Bauweisen. Straßenwesen, 3, 1930, 8, S. 7—15.

Namenlos, New Paving for Cambridge, Mass. Engng. News 1912, 29. Feber, S. 386—388.

Randsteine.

Namenlos, Granite curbstone. U. S. Department of Commerce Bureau of Standards Simplified Practice Recommendation, R 102—33. Washington 1933 (Government. Printing office).

Zuschlagstoffe.

Burchartz H., Dichtigkeit u. Festigkeit v. Kiesbeton im Vergleich zu Kiessplittbeton. Mitt. deutsch. Mat.-Prüf.-Anst., Sonderheft 7, 1929, S. 41—44.

Gassner Otto, Die Betonzuschlagstoffe. Zement 1930, H. 1, S. 9—13.

Graf Otto, Untersuchungen über d. Widerstandsfähigkeit v. Mörtel u. Beton f. große Bauwerke u. f. Zementwarenfabriken. 1. Mitt. Neuen Intern. Verb. Mat.-Prüf., Gruppe B, Zürich 1930, S. 88.

Grün Richard, Der Beton. Berlin, Julius Springer, 1926.

Hummel A., Die Auswertung v. Siebanalysen u. d. Abramsche Feinheitsmodul. Zement 1930, H. 15, S. 355—364.

Janousek A., Contrôle et amélioration de la composition granulométrique du sable, du gravier de carrière et du tout-venant fluvial utilisés pour la confection du béton. 1. Mitt. Neuen Intern. Verb. Mater.-Prüf., Gruppe B, Zürich 1930, S. 50.

Jeltschaninoff M. G., Der Einfluß d. Lehmbeimengungen i. Sand auf d. mechanischen Eigenschaften d. Portlandzementmörtels. Zement 1930, H. 24, S. 556—560; H. 25, S. 580—585.

Kathrein G., Chemisch-physikalische Wechselbeziehungen zw. Zuschlagstoff u. Bindemittel i. Mörtel u. Beton. Mitt. Techn. Vers.-Amt 1928, 17. Bd. — Die Bedeutung d. Zuschlagstoffes für d. Beton- u. Mörtelgüte. Öst. Bau-Ztg. 1926, H. 31.

Kleinlogel, Einflüsse auf Beton. Berlin 1930, Ernst u. Sohn.

Kranz Walther, Ergebnisse geolog. Untersuchungsverfahren bei Betondruckproben. Z. prakt. Geol. 1920. — Die Geologie im Ingenieur-Baufach. Stuttgart 1927, F. Enke.

Meng W. v., Die optimale Kornzusammensetzung von Zuschlagstoffen für Zementmörtel u. Beton. Tonind.-Ztg., 55. Jhrg., 1931, H. 18, S. 257.

Probst E., Handbuch d. Zementwaren- u. Kunststeinindustrie. Halle (Saale) 1927, Karl Machold.

Raisch E., Die Wärmeleitfähigkeit v. Beton in Abhängigkeit v. Raumgewicht u. Feuchtigkeitsgrad. Gesundh.-Ing. 1930, Sonderheft, S. 17—20.

Richarz H., Korngrößenzusammensetzung d. Zuschlagstoffe. Tonind.-Ztg. 1927, H. 53, S. 937—939.

Schenk Rudolf, Der Sand u. d. übrigen Zuschlagstoffe. Tonind.-Ztg. 1927, H. 92, S. 1678—1680.

Spindel M., Betonforschung u. praktische Betonbereitung. Öst. Bauztg. 1932, H. 24, S. 285ff.

Stern Ottokar, Neue Grundlagen d. Betonzusammensetzung. Wien 1930, Öst. Ing.- u. Arch.-Ver.

Steingerüst im allgemeinen.

Fischer, Das Steingerüst f. moderne Straßenbefestigungen. Straßenbau, 22, 1931, H. 2, S. 17—22.

Knipping u. Gölz, Das Stützgerüst v. Feinmineraldecken. Straßenbau, 22, 1931, S. 150—154, S. 165—173, S. 179—184, S. 194—198.

Krüger Karl, Das Zuschlaggestein i. Straßenbau. Steinindustrie 1930, H. 15, S. 244—247.

Füllstoffe.

Burchartz H., Der Einfluß d. Zusatzes v. Gesteins- u. Tonmehl auf d. Erhärtung bzw. Festigkeit v. Zement u. Kalkmörtel. Mitt. deutsch. Mat.-Prüf.-Anst. 1929, Sonderheft 7, S. 38—41.

Lachs Josef, Mikroasbest i. d. Asphaltindustrie u. i. Straßenbau. Z. öst. Ing.- u. Arch.-Ver. 1934, H. 9/10, S. 60/61.

Rosenberg Heinrich, Der Mikroasbest u. seine Verwendung f. Straßenbau u. andere Bauzwecke. Z. Petroleum, 25. Bd., H. 29, 1929, S. 1015. — Der Mikro-Asbest. Österr. Montan-Ztg. 1927, H. 20, S. 243—245.

Suida H. u. Schmölzer A., Der Einfluß staubförmiger Füllerstoffe auf d. plastischen u. elastischen Eigenschaften bituminöser Massen. Z. Petroleum 1929, S. 251 ff.

Sande.

Burchartz H., Etwas über Mörtelsande. Mitt. deutsch. Mat.-Prüf.-Anst. 1929, Sonderheft 7, S. 54—57.

Donath Ed., Chemische Studien zur Bewertung d. Mörtelsandes. Öst. Wschr. öffentl. Baudienst, H. 52, 1905, S. 1—17.

Krieger Bernhard, Der Sand. Berlin 1919, Verlag d. Tonind.-Ztg. — Sand u. Kies u. ihre Verwendung i. Straßenbau. Straßenbau 1925, H. 3, S. 75—77.

Oberbach J., Der Sand i. neuzeitl. Straßenbau. Steinbruch u. Sandgrube 1929, S. 840 ff.

Roschkowa E. W. u. Pokrowskaja T. L., Die Bestimmung opaker Mineralien in Sanden. Zbl. Mineral., Geol., Paläont. 1934, A, H. 1, S. 16—21.

Tuck Ralph, Classification and specifications of siliceous Sands. Econ. Geol. 1930, Bd. 25, S. 57—64.

Sand und Schotter.

Dawihl W., Bewertungsarten f. Kiessand. Tonind.-Ztg. 1932, 56. Jhrg., H. 10, S. 137.

Searle A. B., Sand and gravel. London 1932, Contractors Record, Ltd.

Shaw E., Überblick über d. Kiese- u. Sandforschung. Rock Prod. 1931, H. 6, S. 60.

Wittenhaus H., Kies- und Sandbuch. 312 S. Verlag M. Boerner, Halle (Saale) 1931.

Wasmund E., Die Gewinnung v. Sand u. Kies i. Bodensee. Geol. u. Bauwes., Jhrg. 3, H. 4, 1931, S. 167—226.

Zollinger John, Die Sand- u. Kiesindustrie u. ihre Probleme. I. Teil. Rock Prod. 1930, H. 24, S. 50.

Normung v. Sand, Kies u. zerkleinerten Stoffen. Tonind.-Ztg., Jhrg. 55, 1931, Nr. 2.

Teermakadamstraßenbau und verwandte Bauweisen.

Becker Walter, Die Nomenklatur organischer Straßenbaustoffe. Asphalt u. Teer, 28. Jhrg., H. 45, 1928, S. 1193.

Dow A. W., Wie sich d. Adsorption d. Asphaltes durch versch. Mineralzuschläge ändert. Asphalt u. Teer, 1928, H. 20, Jhrg. 28, S. 541—543.

Graefe Ed. u. Schreiter R., Asphalt u. Straßenbau 1930, H. 11, S. 3.

Graefe E., Anwendungsformen d. Bitumens f. d. Straßenbau i. Wandel d. Zeiten. Z. Petroleum, 27. Bd., H. 25, 1931, S. 3.

Grézaud P., Allgemeine Technik i. d. Verwendung d. Asphaltemulsionen beim Straßenbau. Straßenwesen, 3. Jhrg., H. 7, 1930, S. 24.

Heeb, Die neue Siebnormung u. ihr Einfluß auf d. Asphalt- u. Teerstraßenbau. Straßenbau, 23, 1932, 8, S. 109—111.

Kosetschek L., Teermischmakadam u. Teerbeton, Unterschiede u. maschinelle Ausführung. Straßenwesen, 3. Jhrg., H. 7, 1930, S. 20.

Kreüger Karl, Asphaltstraßenbau. Neuere Baustoffprüfungen. Verlag F. R. Winter und Co., Leipzig-Gautzsch 1926.

Maier u. Sohler, Einrichtungen und Ergebnisse der Versuchsanstalt für Teer- und Asphaltstraßenbau der Stadt Stuttgart. Straßenbau, 10. April 1928, H. 11, Jhrg. 19, S. 175—181.

Sommer, Wasserunempfindliche bituminöse Straßenbaustoffe. Asphalt u. Teer 1928, H. 12, Jhrg. 28, S. 336/337.

Szelinski W., Die Materialprüfung i. Asphalt- u. Teerstraßenbau. Z. Petroleum, 27. Bd., H. 35, 1931, S. 3.

Temme Theodor, Teersand u. Teerfeinbeton. Straßenbau 1930, H. 2, S. 19—30. — Entwicklungstendenzen i. modernen Asphaltstraßenbau. Z. Petroleum, 27. Bd., H. 29, 1931, S. 3.

Thomas P., Hartes oder weiches Gestein f. d. Verschleißschicht d. Teermakadambürgersteige. Straßenbau, 20, 1929, 5, S. 64.

Vespermann, Teermakadam als neuzeitlicher Fahrbahnbelag. Allg. Ind.-Verlag, Berlin 1926, 100 S.

Worisek Otto, Über bituminöse Straßenbaustoffe. Z. öst. Ing.- u. Arch.-Ver. 1928, H. 21/22, Jhrg. 80, S. 197/198.

Aus der Praxis des Straßenbaues. Asphalt u. Straßenbau 1930, H. 11, S. 13.

Vorläufiges Merkblatt f. d. Oberflächenbehandlung v. Straßendecken m. Kaltasphalt. Z. Petroleum, 26. Bd., H. 38, 1930, S. 957.

Gesellschaft f. Straßenwesen in Wien, Öst. Richtlinien zur Ausführung v. Bitumen-Straßen. Z. Petroleum, 27. Bd., H. 29, 1931, S. 9. — Benennungen im Teerstraßenbau. Ausgearbeitet v. „Teerausschuß" d. Studiengesellschaft f. Automobilstraßenbau. Steinind. 1927, H. 23, Jhrg. 22, S. 403.

Betonstraßenbau.

Bechtel K., Was ist beim Betonstraßenbau zu beachten? Straßenbau 1928, H. 11, Jhrg. 19, S. 181—184.

Becket J. L., Some notes on concrete roads. Surveyor 1934, 85 (2193), S. 187/188.

Braun Blasius, Der Traß u. seine Verwendungsmöglichkeit beim Straßenbau. Steinindustrie 1930, H. 6, S. 92/93.

Brzesky Adolf, Der Beton i. Straßenbau Ungarns. Öst. Bauztg. 1930, 15 S.

Deyn H. v., Betonstraßenbau i. Mittel-Italien. Betonstraße 1930, S. 106—112.

Ehlgötz Hermann, Der Betonstraßenbau i. Deutschland. Straßenwesen, 3. Jhrg., 1930, 3. H., S. 15.

Eichhorn, D. Zementschotterstraße, ein aktuelles Problem. Straßenbau 1930, H. 4, S. 56—60.

Kleinlogel A., Nordamerikanische Betonstraßen. Übersicht über d. heutigen Stand d. Betonstraßenbaues i. d. Vereinigten Staaten. 94 S. m. 98 Abb. 8°. 1925. Zementverlag G. m. b. H.

Meisenhelder, Betonstraßenbau. Jb. f. Straßenbau 1929, S. 293—319.

Riepert, Betonstraßenbau in Deutschland. Zementverlag, Charlottenburg, 1926.

Schmidt, Materialfragen b. Betonstraßenbau. Betonstraße 1932, H. 3, S. 33—37.

Schwiete, Betonalverfahren u. Makadamstraßen. Straßenbau 1926, S. 88—90.

Stern Ottokar, Die Kornpotenzwaage u. ihre Anwendung. Selbstverlag der Stern-Gesellschaft, Wien, 24 S., ohne Jahreszahl. — Zielsichere Betonbildung. Wien u. Berlin, J. Springer, 1934, 96 S. m. 18 Abb. u. 5 Tafeln.

Walz K., Über Untersuchungen f. d. Betonstraße. Beton u. Eisen 1934, H. 1, S. 8—13.

Wiese A., Betonstraßen i. Marsch u. Geest d. Unterelbe. Bautechn. 1930, H. 13 u. H. 14, S. 221—223.

Merkblatt f. d. Bau v. Betonstraßen. Ausgearbeitet v. Ausschuß „Betonstraßen" d. Studiengesellschaft f. Automobilstraßenbau. Straßenbau 1928, H. 10, Jhrg. 19, S. 166—168.

Silikatstraßen.

Cassinone H., Kalksteinschotter z. Straßenunterhaltung. Bautechn. 1926, H. 16.

Deslandres P., Nature et qualités des matériaux entrant dans la construction des revêtements silicatés. Ann. Ponts Chauss. part. techn. 1929, H. 3, S. 221—241.

Gavrian P. Le, Note sur le silicate de Sonde et son application à la confection des chaussées. Ann. Ponts Chauss. part. techn. 1929, H. 3, S. 213—220.

Grengg R., Einiges über d. Baustoffe d. Wasserglasstraße. Straßenwes. 1931, H. 6, S. 20—22.

Guelle, Herstellung d. Kalksteinstraßendecken m. Wasserglasbindung. Annales de la Voirie Vicinale Rurale et Urbaine, Paris, 78e—79e et 80e Année.

Jodot Paul, Résultats généraux d'une étude micrographique sur les revêtements des chaussées silicatées. Ann. Ponts Chauss. 1929, H. 3, S. 242—258.

Peter A., Wasserglasstraßen. Schweiz. Z. Straßenwes. 1928, H. 4.

Preslicka A., Die Silikatstraße. Halle 1930, Martin Börner. — Neuere Forschungsergebnisse auf d. Gebiete d. Silikatstraßenbaues. Straßenbau 1930, H. 18, S. 287—292. — Erfahrungen i. Bau v. Silikat- u. Zementmakadamstraßen. Straßenbau 1928, H. 7, Jhrg. 19, S. 95—97.

Verschiedene Gesteine als Straßenbaustoff.

Bernhard F., D. Basalt als Straßenbaustoff. Z. öst. Ing.- u. Arch.-Ver., H. 27/28, 83. Jhrg., 1931, S. 233.

Clement, Kalkstein als neuzeitl. Straßenbaustoff. Mitt. d. Auskunfts- u. Beratungsstelle f. Teerstraßenbau, Essen 1933, H. 8.

H., Über d. Wetterbeständigkeit d. Basalte u. ihre Verwendung als Kleinschlag. Steinindustrie 1928, H. 4, Jhrg. XXIII, S. 50/51.

Schneider Eduard, Basalt u. Granit i. Straßenbau. Asphalt- u. Teerind.-Ztg. 1927, H. 50, Jhrg. 27, S. 1336—1342.

Tipper Harry, The use of Granite and Limestone in Highway Construction. Engng. News. Rec. 1912, Bd. 65, H. 7, S. 189/190.

Zelter Wilhelm, Petrographische Untersuchung über die Eignung von Graniten als Straßenbaumaterial. Halle (Saale), W. Knapp, 1927, 69 S. mit 5 Taf.

F. Probenahme.

Grengg R., Über d. bei petrograph. Untersuchungen erforderliche Größe d. Dünnschliffe. Z. wiss. Mikroskopie u. mikroskop. Techn., 31. Bd., 1914.

Schmölzer A., Ein Weg z. Ermittlung d. erforderl. Größe v. Gesteinproben. Steinindustrie 1926, H. 22.

Anhang:

Straßenbaustoffe einiger Länder.

Amerika.

Barton Wm. H. and Doane Louis H., Sampling and testing of highway materials. Mc Graw-Hill Book Co. Inc. New York 1925.

Blanchard Arthur, American highway engineers handbook. John Wiley & Sons, Inc. New York 1919.

Hogentogler C. A., Apparatus used in highway research projects in the United States. Bull. Nr. 35 of the National Research Council. Washington 1923.

Hubbard Prevost and Jackson Franke H., The results of physical tests of road-building rock. U. St. D. of Agr. Bull., Nr. 370, 1916. — Standard forms for specifications, road-building rock in 1916 including all compression tests. U. St. D. of Agr. Bull., Nr. 555, 1917. — The results of physical tests of road-building rock in 1916 and 1917. U. St. D. of Agr. Bull., Nr. 670, 1918.

Hubbard Pr., Highway Inspectors Handbook, New York 1919. John Wiley & Sons.

Jackson Frank H., Method for the determination of the physical properties of road-building rock. U. St. D. of Agr. Bull., Nr. 347, 1916.

Moorefield Charles H., Earth, sand, clay, and gravel roads. U. St. D. of Agr. Bull., Nr. 463, 1917.

Neumann E., Kritische Betrachtungen über d. gegenwärtigen Stand d. Straßenwesens i. d. Ver. Staaten v. Nordamerika. 79 S. (Wilh. Ernst & Sohn, Berlin).

Picher F. H., Road materials in Quebec 1930 and 1931. Investigations in Ceramics and Road Materials 1930 and 1931, 84—164.

Prouty F. Wm., Roads and Road Materials of Alabama. Geol. Survey of Alabama, Bull., Nr. 11, 1911, 135 S.

Riepert, Betonstraßenversuche in Pittsburg u. Arlington. 77 S. 1925 (Zement-Verlag G. m. b. H.). — Automobilstraßen in Amerika. 21 S. 1925 (Zement-Verlag G. m. b. H., Charlottenburg).

Tillson Geo. W., Street Pavement and Paving Materials. John Wiley & Sons, New York 1912.

Voshell James T. u. Toms R. E., Portland cement concrete roads. U. S. Department of Agriculture, Bull. 1077, Washington 1922.

Namenlos, Standard form for specifications, tests reports, and methods of sampling for road materials. U. St. D. of Agr., Bull. Nr. 555, 1917. — Typical specifications for non-bituminous road material. U. St. D. of Agr., Bull. Nr. 704, 1918. — Standard and tentative methods of sampling and testing highway materials. U. St. D. of Agr., Bull. Nr. 949, 1921. — The Results of physical tests of road-building rock from 1916 to 1921 inclusive. U. St. D. of Agr., Bull. Nr. 1132, 1923.

Deutschland.

Apel K., D. Basalte d. Reinhardswaldes u. seiner Umgebung. N. Jb. Min., Beilage-Bd. 38, 1925.

Bauschinger, Untersuchung über d. Elastizität u. Festigkeit d. wichtigsten, natürl. Bausteine i. Bayern. Mitt. mechan. techn. Laboratorium Techn. Hochschule München, H. 10, 1884.

Becker W. u. Macht F., Über d. Beziehungen zw. d. geol.-petrogr. Merkmalen u. d. straßenbautechn. Eigenschaften schlesischer Granite. Straßenbau 1933, H. 3, S. 29—32.

Bernges R., Petrograph. Beschreibung d. Basalte d. Langen Berges u. seiner Umgebung nördlich von Fritzlar. N. Jb. Mineral., Beilagen-Bd. 31, 1911.

Brasching P., Beiträge zur Kenntnis d. Taunus-Basaltes. Senckenbergiana 1925.

Diehl Otto, Über hessische Basalte. Steinindustrie 1928, H. 10, Jhrg. XXIII, S. 152/153.

Dienemann W. u. Burre O., D. nutzbaren Gesteine Deutschlands. 2 Bde. Stuttgart 1928 u. 1929.

Finckh L., Mikroskopische Studien an schlesischen Basalten. 1. D. Basalte d. Umgebung v. Nimptsch. Jb. preuß. geol. L. A. 1925.

Fuchs A., Über d. Klasseneinteilung d. Kleinschlag u. d. Stellung d. sauerländisch-bergischen Grauwackensandsteine. Z. prakt. Geol. 1927.

Funk, D. Quarzit u. seine techn. Verwendung, insbes. i. Straßenbau. Straßenbau, 18, 1927, H. 14, S. 233—235.

Gäbert C., Die steinbruchtechn. Ausnutzung d. Pfahlquarzes b. Viechtach i. Bayern. Steinindustrie 1928, H. 9, Jhrg. 23, S. 130 bis 134.

Hartig, Untersuchungen über die Eigenschaften einiger sächsischer Baumaterialien. Zivilingenieur, 38. Bd., 1. H., S. 1—22.

Henrich, D. Hartsteinindustrie i. d. Rheinpfalz. Diss. Heidelberg 1921.

Heykes K., D. Basalte am Westrand d. hessischen Senke zwischen Fritzlar u. Wolfshagen. N. Jb. Min., Beilagen-Bd. 31, 1911.

Hoppe W., D. techn. Untersuchung u. Verwendbarkeit v. Basalten d. Rhön u. Diabasen d. Ostthüringer Schiefergebirges. Steinindustrie, 25, 1930, S. 128—131.

Hülsen F. C. v., Die i. d. geol. u. bergtechn. Verhältnissen begründete bergwirtschaftl. Stellung d. Westerwälder Basaltindustrie. Dissert. Techn. Hochschule Berlin, 1931.

Hundt Rudolf, D. Ostthüringer Diabas als Beschotterungs-, Beton- u. Baumaterial. Straßenbau 1926, S. 125—127. — D. Ostthüringer Diabas als Straßenbaustoff. Straßenbau 1929, S. 372—374. — D. silurischen Kieselschieferbrüche v. Weckersdorf b. Zeulenroda. Straßenbau, 21, 1930, 32, S. 570—573. — D. Diabase d. Frankenwaldes als Straßenbaustoff. Straßenbau, 22, 1931, 6, S. 87—90.

Kistenfeger, Die Versuchsstraßen in Oberbayern. Jb. Straßenbau 1929, S. 264—292.

Klein Walther, Petrograph. Untersuchungen über d. Eignung v. Basalten als Pflastermaterial. Mitt. Geol. Min.-Institut Univ. Köln 1932, 54 S.

Kranz Walter, Die Geologie im Ingenieur-Baufach. Stuttgart 1927, Enke, 425 S.

Lehmann E., Der Basalt v. Stöffel (Westerwald) u. seine essexitisch-theralithischen Differentiate. Chemie d. Erde 1930, Bd. 5.

Luczizky W. v., Petrograph. Studien zw. Ebendorf u. Neustadt a. d. Waldnaab (Oberpfalz). Zbl. Mineral., Geol., Paläontol. 1904.

Nagel u. Nessenius, D. dritte Fahrperiode auf d. Versuchsstraße d. deutsch. Straßenbauverbandes b. Braunschweig. Straßenbau 20, 1929, 9, S. 131—137.

Pfisterer, D. Basalte d. südwestl. Ausläufer d. Vogelberges rechts d. Mainlinie. N. Jb. Min., Beilagen-Bd. 40, 1916.

Reyer Erwin, D. Bausteine Württembergs. Halle (Saale) 1927, Martin Boerner, 138 S.

Reuber O., D. Basalte südlich v. Homberg a. d. Efze bis zum Knüllgebirge. N. Jb. Min., Beilagen-Bd. 19, 1904.

Richarz St., D. Basalte d. Oberpfalz. Z. deutsch. geol. Ges. 1920.

Riepert, Betonstraßenbau i. Deutschland. Zement-Verlag, Charlottenburg 1926, 112 S.

Schloßmacher K., D. Eruptivgesteine d. Habichtwaldes b. Kassel u. seiner Vorberge. N. Jb. Min., Beilagen-Bd. 31, 1911.

Schottler W., Zur Gliederung d. Basalte am Westrand d. Vogelsberges. Ber. ü. d. Versammlg. d. Oberh. geol. Ver. 1904. — D. Basalte d. Umgebung v. Gießen. Abh. d. hess. geol. L.-A. 1908. — D. wissenschaftl. Einteilung d. Basaltgesteine d. Vogelsberges. Steinindustrie 1928.

Schreiter R., Granulit als verwertbares Gestein. Steinindustrie 1931. H. 9, S. 120—123; H. 11, S. 156—159.

Schwantke A., Die Basalte d. Gegend v. Homburg a. d. Ohm, insbes. d. Dolerit d. Hohen Berges b. Ofleiden. N. Jb. Min., Beilagen-Bd. 18, 1904. — Die Basalte der Gegend von Marburg. N. Jb. Min., Beilagen-Bd. 39, 1914. — Differenzierungserscheinungen an hessischen Basalten. N. Jb. Min., Beilagen-Bd. 48, 1923.

Steuer A., Deutsche Naturgesteine, ihre Verwendung u. Prüfung f. d. Straßenbau. Straßenbauer, 19, 1928, H. 35, S. 596—600. — Übersicht ü. d. deutsch. Straßenbaugesteine. Steinindustrie 1930, H. 17, S. 272—274.

Wiegel H., Petrograph. Untersuchungen d. Basalte d. Schwälmer Landes bis a. d. Vogelsberg. N. Jb. Min., Beilagen-Bd. 23, 1907.

Zelter W., Petrographische Untersuchung über die Eignung von Graniten als Straßenbaumaterial. Wilhelm Knapp, Halle (Saale), 1927. — Die Entwicklung d. Grauwackesteinindustrie i. Oberbergischen u. Sauerland. Steinindustrie, 22. Jhrg., 1927, H. 33, S. 396/397.

England.

Bouluois Percy, Modern roads. London 1919, Edward Arnold.

Leigh-Bennet E. P., Cornish granite. Peuryn and London 1932, 23 S. m. 7 Abb.

Rohleder H., Das Giants Causeway-Gebiet. Z. Vulkanologie 1927.

Watson John, British and Foreign Building Stones. Cambridge 1911, University Press, S. 1—483.

Frankreich.

Anstett M. F., Cours d'analyse et essai des matériaux de construction. École spéciale des travaux publics. Paris 1921.

Bedaux M., De l'amélioration des chaussées pavées en mauvais état. Ann. Ponts Chauss., P. techn. 1931, H. 4, S. 18—33.

Dunkel, Les Carrières sous Paris. Paris, Baudry.

Le Gavriau, Les chaussées modernes, 1932.

Picard P. M., Stude technologique sur les matériaux de construction du Dépt. du Gard. Deuxième partie, chap. 1. Description des Roches Principales du Département. 1883.

Italien.

Bombicci L., Relazione sulle pietre edilizie e decorative della Provincia di Bologna inviate a Roma, per l'Esposizione Internazionale in Vienna, 1873.

Cacciamali G. B., Catalogo dei prodotti minerali della provincia di Brescia per uso edilizio e decorativo presentati dalla deputazione provinciale. Brescia 1904.

Galdieri A. e Paolini V., Il tufo campano di Vico Equense (Sorrent). Mem. R. Acc. Sc. Napoli, ser. 2, 15 n. 15, 12 S. m. 1 Tafel, Napoli 1913.

Jervis G., I tresori sotteranei dell'Italia. Turino 1889.

Lovisato Domenico, Le Calcaire grossier jaunâtre de Pizzi del Lamarmora ed i calcari di Cagliari come pietra de costruzione. Cagliari, Tipo-Litografia Commerciale 1901.

Meneghini Guiseppe ed altri, Nota dei prodotti minerali da costruzione e da ornamento della provincia di Pisa raccolti per la esposizione di Vienna 1873. Pisa 1873.

Nicolis E., Marmi, pietre e terre coloranti della Provincia di Verona.

Nicolis E. e Marchetti, Materiali litoidi di manutenzione stradale del Veneto. G. Geol. pratica, 7. Bd., 1909, S. 8—68.

Pantanelli D., Una Applicazione delle ricerche di Micropetrografia all'Arte Edilizia. Estr. dagli Atti d. Soc. Toscana Sci. Naturali res. in Pisa, Vol. VII, fasc. 1, S. 1—7.

Principi P., Materiali da costruzione dell'Umbria. G. Geol. pratica 1909, Jhrg. 7, H. 5, S. 139—200.

Sacco F., Geologia applicata della citta di Torino. G. Geol. pratica, 5. Bd., 1907, S. 121—162.

Salmoiraghi F., Materiali naturali da costruzione. 1892, Milano, Hoepli.

Stiny J., Ingenieurgeologisches aus Sardinien. Geol. u. Bauwes., 1. Jhrg., H. 3, 1929, S. 157—170. — D. Bausteine Orvietos u. ihre Verwitterung. Geol. u. Bauwes., 2. Jhrg., 1930, H. 3, S. 147—187.

Nordische Länder.

Christensen A. R., Veje og Gader. Köpenhamn 1925. Bei G. E. C. Gad, Köpenhamn.

Hedström Hermann, Om Sveriges naturliga byggnads- och ornamentsstenar jämte förteckning över de viktigaste svenska stenindustriidkande firmona. Sveriges Geologiska Undersökning, Nr. 209, Arsbok 2 (1908), Nr. 1. P. A. Norstedt und Söner, Stockholm.

Holmquist P. J., Studien über die Granite von Schweden. Almqvist und Wiksells Boktryckeri A. B., Upsala. Bullet. Geol. Inst. Upsala, Vol. VII, 1906.

Ljungström Fredrik, Svensk-Dansk jernbanebygning i Tyrkiet. Tekn. T. 1932, H. 18, S. 147—179; H. 19, S. 189—192.

Oxaal John, Den norske stenindustri. Norges Geol. Undersög. 1914, Ab. 70.

Schafarzik F., Über d. Steinindustrie Schwedens u. Norwegens. Jb. Ungar. geol. Anst. 1891, S. 194.

Schlyter Ragnar, Stockholm, Materialprüfungen f. Straßenbauzwecke. Tonind.-Ztg., Jhrg. 1927, H. 23.

Wretlind Paul, Provning av vägmaterial. Särtryck ur Teknisk Tidskrift, Vägoch Vattenbyggnadskonst. 1917. Svenska Teknoloföreningens Törlag, Stockholm.

Österreich.

Friese F. M., D. Baustein-Sammlung d. Öst. Ing.- u. Arch.-Ver. Wien 1870, S. 5—72.

Grengg R., Österreichs Vorkommen an natürlichem Gestein für bautechnische Zwecke. Straßenwes., 1. Jhrg., H. 10, 1928, S. 13 bis 17.

Hell Martin, Geologie und Gesteinvorkommen im Lande Salzburg im Zusammenhange mit dem Bau der Gaisbergstraße. Straßenwes., 1. Jhrg., 1928, H. 8.

Karrer F., Die Baumaterialsammlung d. naturhist. Hofmuseums u. ihre Bedeutung. Außerordentl. Beil. z. Nr. 7 d. Monatsbl. d. Wissenschaftl. Club, 15. April 1888, S. 1—12.

Maroschek E. F., Beitr. z. Kenntnis d. Granites v. Mauthausen. Min. u. Petr. Mitt., Bd. 43, H. 6, 1933, S. 375—405.

Prix Josef, Bauerfahrungen i. d. Herstellung leichter u. mittelschwerer Straßenfahrbahndecken. 5. öst. Straßentag, Klagenfurt 1930.

Schmölzer A., D. Vorkommen nutzbarer Gesteine Österreichs unter bes. Berücksichtigung d. Bedürfnisse d. Straßen- und Betonbaues. Wien 1930, Verl. d. Verb. d. öst. Straßengesell. Wien.

Schuloff Walter, Die Herstellung neuzeitl. Straßenbeläge a. d. öst. Bundesstraßen i. Jahre 1928. S. 453. Z. öst. Ing.- u. Arch.-Ver., 80. Jhrg., Nr. 45/46, 1928, S. 453.

Tornquist A., Eignung von i. Steiermark u. Kärnten vorkommenden Gesteinen f. d. neuzeitlichen Straßenbau. Straßenwes., 2. Jhrg., H. 8, 1929.

Traninger Alfred, Straßenbau i. Burgenland. Straßenwes. 1931, H. 8, S. 18/19.

Wanner Hermann, D. Ausbau d. Packer Bundesstraße i. Kärnten. Jb. Straßenwes. i. Öst. 1933, S. 70—83.

Winter A., Basalt v. Pullendorf i. Burgenland als Pflasterstein u. Schottergut. Architektur und Bautechnik, H. 17, 1931, 18. Jhrg. S. 261.

Schweiz.

Ammann E., Praktische Untersuchungen einheimischer Schottermaterialien. Schweiz. miner. petrogr. Mitt., 3. Bd., 1923.

Beck Paul, D. Bedeutung d. Deckenbaues d. Schweizeralpen f. d. Steinbruchindustrie. Schweiz. Z. Straßenwes. 1926, H. 21—23. — Vorläufige Ergebnisse einer geotechn. Voruntersuchung ü. d. i. d. Kantonen Bern, Unterwalden, Luzern, Solothurn, Aargau u. Baselland verwendeten Straßenschotter. Schweiz. Z. Straßenwes. 1928, H. 19—21, S. 13.

Quervain F. de, Petrograph. Untersuchungen an Schotter- u. Pflastersteingut. 1. Sandsteine u. Echinodermenbrekzien der Gargasienstufe d. helvetischen Kalkvoralpen. Schweiz. Mineral. u. petrogr. Mitt., Bd. 11, 1931, H. 2, S. 1—44.

Quervain F. de u. Gschwind M., D. nutzbaren Gesteine d. Schweiz. Bern 1934, Hans Huber, 456 S.

Gesteine für Straßendecken in Ungarn.

Hász Alexander, D. techn. Möglichkeiten z. Verbilligung d. Betonstraßenbeläge i. Ungarn. Straßenwes., 7. Jhrg., 1934, H. 3, S. 25—28. — D. Ungarischen Betonstraßen. Betonstraße, 9. Jhrg., 1934, S. 1—9.

Reichert R., Petrograph. Beobachtungen an basaltischen Gesteinen aus d. Komitate Nograd i. Ungarn. Földtani Közlöni 57, Budapest 1927.

Schafarzik F., Detaill. Mitteilungen über ungarische Steinbrüche. Budapest 1911.

Einige Fachzeitschriften mit einschlägigen Aufsätzen.

„Asphalt- und Teerindustrie", Berlin.

„Die Betonstraße", Berlin.

„Die Straße", Berlin.

„Der Straßenbau", Halle a. S.

„Straßen- und Flußbau-Zeitung", Neumarkt (Oberpfalz).

„Verkehrstechnik", m. d. Beilage Straßenbau u. Straßenunterhaltung, Berlin SW 68, Verlag Ullstein.

„Wasser- und Wegebauzeitschrift“, Hannover.
„Annales des Ponts et Chaussées“, Paris.
„Good Roads“, Birmingham.
„Roads and Roads Construction“, London.
„The Road Maker“, London.
„Schweiz. Zeitschrift f. Straßenwes. u. verwandte Gebiete“ (Revue Suisse de la Route), Zürich.
„Engineering News Record“, New York.
„Good Roads“, New York.
„Highway Engineer and Contractor“, Chicago.
„Roads and Streets, Roads and Streets News“, Chicago.
Public Roads, U. S. Department of Agriculture, Bureau of Public Roads.
„Concrete Highway Magazine“.

Sachverzeichnis.

Technische Gesteinkunde für Bauingenieure, Kulturtechniker, Land- und Forstwirte, sowie für Steinbruchbesitzer und Steinbruchtechniker. Von Ing. Prof. Dr. phil. **Josef Stiny**, Wien. Z w e i t e, vermehrte und vollständig umgearbeitete Auflage. Mit 422 Abbildungen im Text und einer mehrfarbigen Tafel, sowie einem Beiheft: „Kurze Anleitung zum Bestimmen der technisch wichtigsten Mineralien und Felsarten" (mit 11 Abbildungen im Text, 23 Seiten). VII, 550 Seiten. 1929.   Gebunden RM 45.—

Die klar geschriebenen Darlegungen sind durchaus verständlich für den Kreis, an den sich der Verfasser wendet, und auch durchaus erschöpfend. Die Abbildungen sind besonders lehrreich und dienen in hohem Grade zum Verstehen aller Einzelheiten. Das Werk kann für das Studium der Bauingenieure bestens empfohlen werden, um so mehr, als für diese die Kenntnis der Gesteinkunde eine stetig zunehmende Bedeutung erlangt hat und heute eine Notwendigkeit darstellt.   („Der Bauingenieur")

Ingenieurgeologie. Herausgegeben von Prof. Dr. **K. A. Redlich,** Prag, Prof. Dr. **K. v. Terzaghi,** Cambridge, Mass., Priv.-Doz. Dr. **R. Kampe,** Prag, Direktor des Quellenamtes Karlsbad. Mit Beiträgen von Dir. Dr. **H. Apfelbeck,** Falkenau, Ing. **H. E. Gruner,** Basel,. Dr. **H. Hlauscheck,** Prag, Priv.-Doz. Dr. **K. Kühn,** Prag, Priv.-Doz. Dr. **K. Preclik,** Prag, Priv.-Doz. Dr. **L. Rüger,** Heidelberg, Dr. **K. Scharrer,** Weihenstephan-München, Prof. Dr. **Schoklitsch,** Brünn. Mit 417 Abbildungen im Text. X, 708 Seiten. 1929.
          Gebunden RM 57.—

Die Geologie, die Lehre von der Entwicklung und dem Aufbau der Erde, ist dem Bauingenieur, dessen Arbeiten immer mehr oder weniger einen Eingriff in die Erdrinde bedeuten, eine unentbehrliche Hilfswissenschaft, die er um so mehr braucht, je mehr und je tiefer er mit seinen Arbeiten den natürlichen Zustand dieser Erdrinde, den „gewachsenen Boden", zu stören beabsichtigt. Umgekehrt erweitert und nützt der Geologe sein Wissen bei Gelegenheit der Arbeiten des Bauingenieurs und des Bergmanns. Geologe einerseits — Bauingenieur und Bergmann andererseits sind daher zwangsläufig aufeinander angewiesen. Aus dieser Erkenntnis heraus und in dem Wunsche, dem Bauingenieur wie dem Geologen das Eindringen in die Grundlagen der Wissenschaft des anderen zu erleichtern, wollen die Verfasser in dem Buch dem Bauingenieur zeigen, wo er die Geologie braucht und wie sie ihn vor Fehlern bewahren soll, und dem Geologen die Gelegenheiten, wo er bei Bauingenieurarbeiten mitwirken und seine Kenntnis erweitern kann . . .   („Die Bautechnik")

Mineralogisches Taschenbuch der Wiener Mineralogischen Gesellschaft. Z w e i t e vermehrte Auflage. Unter Mitwirkung von **A. Himmelbauer, R. Koechlin, A. Marchet, H. Michel, O. Rotky** redigiert von **J. E. Hibsch.** Mit 1 Titelbild. X, 188 Seiten. 1928.
          Gebunden RM 10.80

Gefügekunde der Gesteine. Mit besonderer Berücksichtigung der Tektonite. Von Prof. Dr. **Bruno Sander,** Innsbruck. Mit 155 Abbildungen im Text und 245 Gefügediagrammen. VI, 352 Seiten. 1930.   RM 37.60; gebunden RM 39.60

Grundriß der Mineralparagenese. Von Prof. Dr. **Franz Angel,** Graz, und Prof. Dr. **Rudolf Scharizer,** Graz. XII, 293 Seiten. 1932.   RM 18.60; gebunden RM 19.80